高等职业教育"十三五"规划教材

高 职 高 专 教 育 精 品 教 材

车工实训教程

主 编 陈 星

副主编 李振华

上海交通大学出版社

SHANGHAI JIAO TONG UNIVERSITY PRESS

内容提要

本书介绍了车削加工相关基本知识,讲述了车床组成、车削加工基本概念、形式方法、使用的工具、量具、刀具,并实例分析外圆、端面、孔、外圆槽、螺纹以及综合应用等车工技能。本书从结构上由简到难,设计了一系列项目,每个项目又分成若干任务,让学生在各种任务的引领下学习车工技能以及相关的理论知识,避免理论教学与实践教学相脱节。

本书可作为高职院校机械类和近机类专业实训教材,也可作为中职校、培训机构和企业的培训教材。

图书在版编目(CIP)数据

车工实训教程/陈星主编.—上海:上海交通大学出版社,2015(2019 重印)
ISBN 978 - 7 - 313 - 13147 - 8

Ⅰ.①车… Ⅱ.①陈… Ⅲ.①车削—教材 Ⅳ.①TG51

中国版本图书馆 CIP 数据核字(2015)第 136177 号

车工实训教程

主　　编:陈　星
出版发行:上海交通大学出版社　　　　　　地　　址:上海市番禺路 951 号
邮政编码:200030　　　　　　　　　　　　电　　话:021 - 64071208
印　　制:上海天地海设计印刷有限公司　　经　　销:全国新华书店
开　　本:787 mm×960 mm　1/16　　　　印　　张:9.75
字　　数:153 千字
版　　次:2015 年 7 月第 1 版　　　　　　印　　次:2019 年 1 月第 2 次印刷
书　　号:ISBN 978 - 7 - 313 - 13147 - 8/TG
定　　价:35.00 元

前　　言

本书设计以就业为导向,以车工基本技能工作任务为引领,以国家职业标准车工中级的考核要求为基本依据。在结构上,从培养职业院校学生基础能力出发,采用项目式教学的形式,遵循专业理论的学习规律和技能的形成规律,按照由简到难的顺序,设计一系列项目。让学生在任务引领下学习车工技能及相关的理论知识,避免理论教学与实践相脱节的情况。在内容上,贯彻"循序渐进"、"少而精"及"以图代理"的原则,有利于机械类和近机类专业学生的自学和教师授课。

根据各校的需要,建议教学时数如下:

序　号	项　　　目	学　时
1	车削加工基本知识讲解	6
2	项目一　加工拉伸棒	20
3	项目二　加工法兰盘	20
4	项目三　加工台阶轴	25
5	项目四　加工螺纹	25
6	项目五　综合练习	30
合　　　计		126

本书由南京信息职业技术学院陈星主编,河南省新乡职业技术学院李振华副主编,南京信息职业技术学院卢建生、董洪新、刘臻、黄金发、王苏宁、温上樵、

苏根发、唐德明、陈明翠等参编。全书由温上樵统稿。在本书的编写过程中，得到了南京信息职业技术学院机电分院工程中心和南京市教研室大力支持，在此表示衷心感谢。

由于编者水平有限，书中存在的不妥之处，敬请读者批评指正。

编　者

2015 年 4 月

目　　录

第一章　相关知识介绍 ·· 1

　　第一节　典型量具介绍 ·· 1

　　第二节　公差与配合 ·· 25

　　第三节　常用金属材料介绍 ·· 39

第二章　车削加工 ·· 50

　　第一节　车削加工概述 ·· 50

　　第二节　车床 ·· 52

　　第三节　车刀及其安装 ·· 55

　　第四节　车外圆 ·· 61

　　第五节　车端面和台阶 ·· 67

　　第六节　切断与切槽 ·· 70

　　第七节　钻孔、镗孔和铰孔 ·· 73

　　第八节　圆锥面的车削加工 ·· 79

　　第九节　车特形面和滚花 ·· 83

　　第十节　车削螺纹 ·· 86

　　第十一节　复杂零件的安装与加工 ·· 90

　　第十二节　设备的保养与维护 ·· 93

第三章　项目实例 ·· 97

　　项目一　加工拉伸试验棒 ·· 97

　　项目二　加工台阶轴 ·· 103

项目三　加工法兰盘 ……………………………………………… 107

项目四　外螺纹加工 ……………………………………………… 111

项目五　综合加工练习 …………………………………………… 115

附录 1　车工实训基础知识 ……………………………………… 121

习题一 ……………………………………………………………… 121

习题二 ……………………………………………………………… 124

习题三 ……………………………………………………………… 129

习题四 ……………………………………………………………… 133

附录 2　车工中级工考试试题(基本理论) …………………… 137

附录 3　车削加工常用标准 ……………………………………… 143

1. 常用金属材料 ………………………………………………… 143

2. 常用热处理与表面处理方法 ………………………………… 143

参考文献 ………………………………………………………… 148

第一章　相关知识介绍

第一节　典型量具介绍

一、游标卡尺

游标卡尺是一种常用的量具,具有结构简单、使用方便、精度中等和测量的尺寸范围大等特点,可以用它来测量零件的外径、内径、长度、宽度、厚度、深度和孔距等,应用范围很广。

1. 游标卡尺的结构型式

(1) 测量范围为 0~125 mm 的游标卡尺,制成带有刀口形的上下量爪和带有深度尺的型式(见图 1-1)。

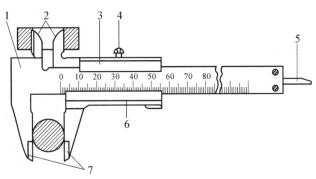

图 1-1　游标卡尺结构形式之一

1-尺身;2-上量爪;3-尺框;4-紧固螺钉;5-深度尺;6-游标;7-下量爪

(2) 测量范围为 0~200 mm 和 0~300 mm 的游标卡尺,可制成带有内外测量面的下量爪和带有刀口形的上量爪的型式(见图 1-2)。

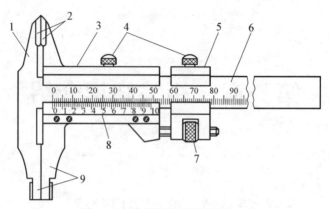

图 1-2　游标卡尺结构形式之二

1-尺身；2-上量爪；3-尺框；4-紧固螺钉；5-微动装置；
6-主尺；7-微动螺母；8-游标；9-下量爪

（3）测量范围为 0～200 mm 和 0～300 mm 的游标卡尺，也可制成只带有内外测量面的下量爪的型式（见图 1-3）。而测量范围大于 300 mm 的游标卡尺，只制成这种仅带有下量爪的型式。

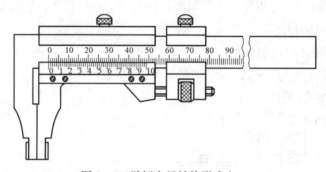

图 1-3　游标卡尺结构形式之三

2．游标卡尺的组成

（1）具有固定量爪的尺身，如图 1-2 中的 1。尺身上有类似钢尺一样的主尺刻度，如图 1-2 中的 6。主尺上的刻线间距为 1 mm。主尺的长度决定于游标卡尺的测量范围。

（2）具有活动量爪的尺框，如图 1-2 中的 3。尺框上有游标，如图 1-2 中的 8，游标卡尺的游标读数值可制成为 0.1、0.05 和 0.02 mm 的三种。游标读数值，就是指使用这种游标卡尺测量零件尺寸时，卡尺上能够读出的最小数值。

（3）在 0～125 mm 的游标卡尺上，还带有测量深度的深度尺，如图 1-1 中的 5。深度尺固定在尺框的背面,能随着尺框在尺身的导向凹槽中移动。测量深度时,应把尺身尾部的端面靠紧在零件的测量基准平面上。

(4) 测量范围等于和大于 200 mm 的游标卡尺,带有随尺框作微动调整的微动装置,如图 1-2 中的 5。使用时,先用固定螺钉 4 把微动装置 5 固定在尺身上,再转动微动螺母 7,活动量爪就能随同尺框 3 作微量的前进或后退。微动装置的作用,是使游标卡尺在测量时用力均匀,便于调整测量压力,减少测量误差。

目前我国生产的游标卡尺的测量范围及其游标读数值如表 1-1 所示。

表 1-1　游标卡尺的测量范围和游标卡尺读数值/mm

测 量 范 围	游标读数值	测 量 范 围	游标读数值
0~25	0.02;0.05;0.10	300~800	0.05;0.10
0~200	0.02;0.05;0.10	400~1 000	0.05;0.10
0~300	0.02;0.05;0.10	600~1 500	0.05;0.10
0~500	0.05;0.10	800~2 000	0.10

3. 游标卡尺的刻线原理与读数方法

读数时首先以游标零刻度线为准在尺身上读取毫米整数,即以毫米为单位的整数部分。然后看游标上第几条刻度线与尺身的刻度线对齐,如第 6 条刻度线与尺刻度线对齐,则小数部分即为 0.6 毫米(若没有正好对齐的线,则取最接近对齐的线进行读数)。如有零误差,则一律用上述结果减往零误差(零误差为负,相当于加上相同大小的零误差),读数结果为

$$L = 整数部分 + 小数部分 - 零误差$$

判定游标上哪条刻度线与尺身刻度线对准,可用下述方法:选定相邻的三条线,如左侧的线在尺身对应线左右,右侧的线在尺身对应线之左,中间那条线便可以以为是对准了,假如需丈量几次取均匀值,不需每次都减往零误差,只要从最后结果减往零误差即可。游标卡尺的刻度值不同以及测量位置不同可以有不同的读数方法,具体方法如下:

方法一

以刻度值 0.02 mm 的精密游标卡尺为例(见图 1-1),这种游标卡尺由带固定卡脚的主尺和带活动卡脚的副尺(游标)组成。在副尺上有副尺固定螺钉。主

尺上的刻度以 mm 为单位,每 10 格分别标以 1、2、3、……等,以表示 10、20、30、……mm。这种游标卡尺的副尺刻度是把主尺刻度 49 mm 的长度,分为 50 等份,即每格为

$$\frac{49}{50} = 0.98 (\text{mm})$$

主尺和副尺的刻度每格相差:

$$1 - 0.98 = 0.02 (\text{mm})$$

即测量精度为 0.02 mm。如果用这种游标卡尺测量工件,测量前,主尺与副尺的 0 线是对齐的,测量时,副尺相对主尺向右移动,若副尺的第 1 格正好与主尺的第 1 格对齐,则工件的厚度为 0.02 mm。同理,测量 0.06 mm 或 0.08 mm 厚度的工件时,应该是副尺的第 3 格正好与主尺的第 3 格对齐或副尺的第 4 格正好与主尺的第 4 格对齐。

读数方法,可分三分步骤:

第一步:根据副尺零线以左的主尺上的最近刻度读出整毫米数。

第二步:根据副尺零线以右与主尺上的刻度对准的刻线数乘上 0.02 读出小数。

第三步:将上面整数和小数两部分加起来,即为总尺寸。

如图 1-4 所示,副尺 0 线所对主尺前面的刻度 64 mm,副尺 0 线后的第 9 条线与主尺的一条刻线对齐。副尺 0 线后的第 9 条线表示:

$$0.02 \times 9 = 0.18 (\text{mm})$$

所以被测工件的尺寸为:

$$64 + 0.18 = 64.18 (\text{mm})$$

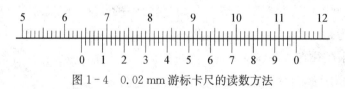

图 1-4 0.02 mm 游标卡尺的读数方法

方法二

读数值为 0.1 mm 的游标卡尺,如图 1-5(a)所示,是将游标上的 10 格对准主尺的 19(mm),则游标每格=19÷10=1.9(mm),使主尺 2 格与游标 1 格相=

2－1.9＝0.1(mm)。这种增大游标间距的方法,其读数原理并未改变,但使游标线条清晰,更容易看准读数。

在游标卡尺上读数时,首先要看游标零线的左边,读出主尺上尺寸的整数是多少毫米,其次是找出游标上第几根刻线与主尺刻线对准,该游标刻线的次序数乘其游标读数值,读出尺寸的小数,整数和小数相加的总值,就是被测零件尺寸的数值。

在图1－5(b)中,游标零线在2与3之间,其左边的主尺刻线是2,所以被测尺寸的整数部分是2(mm),再观察游标刻线,这时游标上的第3根刻线与主尺刻线对准。所以,被测尺寸的小数部分为3×0.1＝0.3(mm),被测尺寸即为2＋0.3＝2.3(mm)。

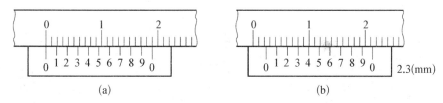

图1－5 游标零位和读数

(a) 游标零位 (b) 读数举例

4. 游标卡尺的测量精度

实际工作中常用精度为0.05毫米(mm)和0.02毫米(mm)的游标卡尺。它们的工作原理和使用方法与本书介绍的精度为0.1毫米(mm)的游标卡尺相同。精度为0.05毫米(mm)的游标卡尺的游标上有20个等分刻度,总长为19毫米(mm)。丈量时如游标上第11根刻度线与主尺对齐,则小数部分的读数为11/20＝0.55(mm),如第12根刻度线与主尺对齐,则小数部分读数为12/20＝0.60(mm)。一般来说,游标上有 n 个等分刻度,它们的总长度与尺身上 $(n-1)$ 个等分刻度的总长度相等,若游标上最小刻度长为 x,主尺上最小刻度长为 y,则:

$$nx = (n-1)y,$$
$$x = y - (y/n)$$

主尺和游标的最小刻度之差为:

$$\Delta x = y - x = y/n$$

y/n 叫游标卡尺的精度,它决定读数结果的位数。由公式可以看出,游标卡尺的丈量精度在于增加游标上的刻度数或减小主尺上的最小刻度值。一般情况下 y

为 1(mm)，n 取 10、20、50 其对应的精度为 0.1(mm)、0.05(mm)、0.02(mm)。精度为 0.02(mm) 的机械式游标卡尺由于受到本身结构精度和人的眼睛对两条刻线对准程度分辨力的限制，其精度不能再进步。

测量或检验零件尺寸时，要按照零件尺寸的精度要求，选用相适应的量具。

游标卡尺是一种中等精度的量具，它只适用于中等精度尺寸的测量和检验。用游标卡尺去测量锻铸件毛坯或精度要求很高的尺寸，都是不合理的。前者容易损坏量具，后者测量精度达不到要求，因为量具都有一定的示值误差，游标卡尺游标读数值示值总误差见表 1-2。

表 1-2 示值总误差表

游 标 读 数 值	示 值 总 误 差
0.02	±0.02
0.05	±0.05
0.10	±0.10

游标卡尺的示值误差，就是游标卡尺本身的制造精度，不论你使用得怎样正确，卡尺本身就可能产生这些误差。另外，游标卡尺测量时的松紧程度（即测量压力的大小）和读数误差（即看准是那一根刻线对准），对测量精度影响亦很大。所以，当必须用游标卡尺测量精度要求较高的尺寸时，最好采用和测量相等尺寸的块规相比较的办法。

5. 游标卡尺的使用方法

使用游标卡尺测量零件尺寸时的正确步骤与方法如下：

(1) 测量前应把卡尺揩干净，检查卡尺的两个测量面和测量刃口是否平直无损，把两个量爪紧密贴合时，应无明显的间隙，同时游标和主尺的零位刻线要相互对准。这个过程称为校对游标卡尺的零位。

(2) 移动尺框时，活动要自如，不应有过松或过紧，更不能有晃动现象。用固定螺钉固定尺框时，卡尺的读数不应有所改变。在移动尺框时，不要忘记松开固定螺钉，亦不宜过松以免掉了。

(3) 当测量零件的外尺寸时：卡尺两测量面的联线应垂直于被测量表面，不能歪斜。测量时，可以轻轻摇动卡尺，放正垂直位置，如图 1-6(a) 所示。如量爪在如图 1-6(b) 所示位置，那测量的结果就会使 a 比实际尺寸 b 要大。

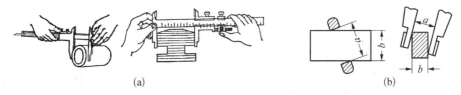

(a)   (b)

图 1-6   测量外尺寸时的正确与错误位置

（a）正确；(b) 错误

正确的测量方法是先把卡尺的活动量爪张开,使量爪能自由地卡进工件,把零件贴靠在固定量爪上,然后移动尺框,用轻微的压力使活动量爪接触零件。如卡尺带有微动装置,此时可拧紧微动装置上的固定螺钉,再转动调节螺母,使量爪接触零件并读取尺寸。决不可把卡尺的两个量爪调节到接近甚至小于所测尺寸,把卡尺强制地卡到零件上去。这样做会使量爪变形,或使测量面过早磨损,使卡尺失去应有的精度。

测量沟槽时,应当用量爪的平面测量刃进行测量,尽量避免用端部测量刃和刀口形量爪去测量外尺寸。而对于圆弧形沟槽尺寸,则应当用刃口形量爪进行测量,不应当用平面形测量刃进行测量,如图 1-7 所示。

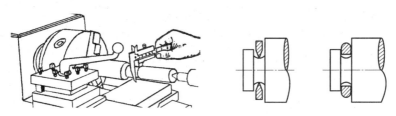

图 1-7   测量沟槽时的正确与错误位置

测量沟槽宽度时,也要放正游标卡尺的位置,应使卡尺两测量刃的联线垂直于沟槽,不能歪斜,否则,量爪若在如图 1-8(b)所示的错误的位置上,也将使测量结果不准确(可能大也可能小)。

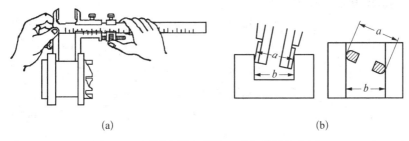

(a)   (b)

图 1-8   测量沟槽宽带的正确与错误的位置

（a）正确；(b) 错误

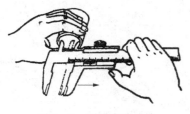

图 1-9　测量内孔尺寸

（4）当测量零件的内尺寸时（见图 1-9），要使量爪分开的距离小于所测内尺寸，进入零件内孔后，再慢慢张开并轻轻接触零件内表面，用固定螺钉固定尺框后，轻轻取出卡尺来读数。取出量爪时，用力要均匀，并使卡尺沿着孔的中心线方向滑出，不可歪斜，以免量爪扭伤、变形或受到不必要的磨损，同时会使尺框走动，影响测量精度。

（5）用下量爪的外测量面测量内尺寸时用如图 1-2 和图 1-3 所示的两种游标卡尺测量内尺寸，在读取测量结果时，一定要把量爪的厚度加上去。即游标卡尺上的读数，加上量爪的厚度，才是被测零件的内尺寸，见图 1-10。测量范围在 500 mm 以下的游标卡尺，量爪厚度一般为 10 mm。但当量爪磨损和修理后，量爪厚度就要小于 10 mm，读数时这个修正值也要考虑进去。

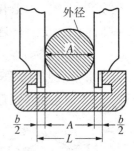

图 1-10　测量 T 形槽的宽度

（6）用游标卡尺测量零件时，不允许过分地施加压力，所用压力应使两个量爪刚好接触零件表面。如果测量压力过大，不但会使量爪弯曲或磨损，且量爪在压力作用下产生弹性变形，使测量得的尺寸不准确（外尺寸小于实际尺寸，内尺寸大于实际尺寸）。

在游标卡尺上读数时，应把卡尺水平的拿着，朝着亮光的方向，使人的视线尽可能和卡尺的刻线表面垂直，以免由于视线的歪斜造成读数误差。

（7）为了获得正确的测量结果，可以多测量几次。即在零件的同一截面上的不同方向进行测量。对于较长零件，则应当在全长的各个部位进行测量，务使获得一个比较正确的测量结果。

6. 游标卡尺应用举例

（1）用游标卡尺测量 T 形槽的宽度。用游标卡尺测量 T 形槽的宽度，如图 1-10所示。测量时将量爪外缘端面的小平面，贴在零件凹槽的平面上，用固定螺钉把微动装置固定，转动调节螺母，使量爪的外测量面轻轻地与 T 形槽表面接触，并放正两量爪的位置（可以轻轻地摆动一个量爪，找到槽宽的垂直位置），读出游标卡尺的读数在图 1-11 中用 A 表示。但由于它是用量爪的外测量面测量内尺寸的，卡尺上所读出的读数 A 是量爪内测量面之间的距离，因此必须加上两个量爪的厚度 b，才是 T 形槽的宽度。所以，T 形槽的宽度：

$$L = A + b。$$

（2）用游标卡尺测量孔中心线与侧平面之间的距离。用游标卡尺测量孔中心线与侧平面之间的距离 L 时，先要用游标卡尺测量出孔的直径 D，再用刃口形量爪测量孔的壁面与零件侧面之间的最短距离，如图 1-11 所示。

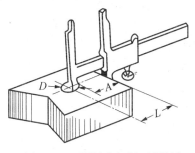

图 1-11　测量孔与侧面的距离

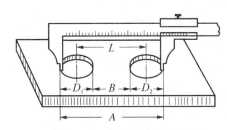

图 1-12　测量两孔的中心距

此时，卡尺应垂直于侧平面，且要找到它的最小尺寸，读出卡尺的读数 A，则孔中心线与侧平面之间的距离为

$$L = A + D/2$$

（3）用游标卡尺测量两孔的中心距。用游标卡尺测量两孔的中心距有两种方法：一种是先用游标卡尺分别量出两孔的内径 D_1 和 D_2，再量出两孔内表面之间的最大距离 A，如图 1-12 所示，则两孔的中心距：

$$L = A - (D_1 + D_2)/2$$

另一种测量方法，也是先分别量出两孔的内径 D_1 和 D_2，然后用刃口形量爪量出两孔内表面之间的最小距离 B，则两孔的中心距：

$$L = B + (D_1 + D_2)/2$$

7. 其他类型游标卡尺简介

（1）高度游标卡尺。高度游标卡尺如图 1-13 所示，用于测量零件的高度和精密划线。它的结构特点是用质量较大的基座 4 代

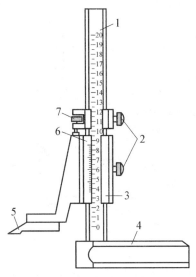

图 1-13　高度游标卡尺

1-主尺；2-紧固螺钉；3-尺框；
4-基座；5-固定量爪；6-游标；7-微调

替固定量爪 5,而动的尺框 3 则通过横臂装有测量高度和划线用的量爪,量爪的测量面上镶有硬质合金,提高量爪使用寿命。高度游标卡尺的测量工作,应在平台上进行。当量爪的测量面与基座的底平面位于同一平面时,如在同一平台平面上,主尺 1 与游标 6 的零线相互对准。所以在测量高度时,量爪测量面的高度,就是被测量零件的高度尺寸,它的具体数值,与游标卡尺一样可在主尺(整数部分)和游标(小数部分)上读出。应用高度游标卡尺划线时,调好划线高度,用紧固螺钉 2 把尺框锁紧后,也应在平台上进行先调整再进行划线。

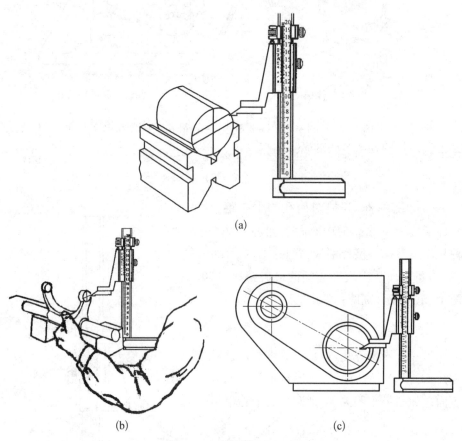

(a)

(b)　　　　　　　　　　　　　　　　(c)

图 1-14　高度游标卡尺的应用

(a) 划偏心线;(b) 划拨叉轴;(c) 划箱体

　　(2) 深度游标卡尺。深度游标卡尺如图 1-15 所示,用于测量零件的深度尺寸或台阶高低和槽的深度。它的结构特点是尺框 3 的两个量爪连成一起成为一个带游标测量基座 1，基座的端面和尺身 4 的端面就是它的两个测量面。如测量内孔深度时应把基座的端面紧靠在被测孔的端面上，使尺身与被测孔的中心线平行，伸入深度游标卡尺尺身，则尺身端面至基座端面之间的距离，就是被测零件的深度尺寸。它的读数方法和游标卡尺完全一样。

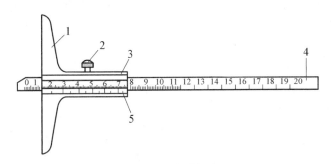

图 1-15　深度游标卡尺

1-测量基座；2-紧固螺钉；3-尺框；4-尺身；5-游标

　　测量时，先把测量基座轻轻压在工件的基准面上，两个端面必须接触工件的基准面，如图 1-16(a)所示；测量轴类等台阶时，测量基座的端面一定要压紧在基准面，如图 1-16(b)、(c)所示，再移动尺身，直到尺身的端面接触到工件的量面(台阶面)上，然后用紧固螺钉固定尺框，提起卡尺，读出深度尺寸。多台阶小直径的内孔深度测量，要注意尺身的端面是否在要测量的台阶上，如图 1-16(d)所示。当基准面是曲线时，如图 1-16(e)所示，测量基座的端面必须放在曲线的最高点上，测量出的深度尺寸才是工件的实际尺寸，否则会出现测量误差。

　　8. 游标卡尺使用注意事项

　　游标卡尺是比较精密的量具，使用时应注意如下事项：

　　(1) 使用前，应先擦干净两卡脚测量面，合拢两卡脚，检查副尺 0 线与主尺 0 线是否对齐，若未对齐，应根据原始误差修正测量读数。

　　(2) 测量工件时，卡脚测量面必须与工件的表面平行或垂直，不得歪斜。且用力不能过大，以免卡脚变形或磨损，影响测量精度。

　　(3) 读数时，视线要垂直于尺面，否则测量值不准确。

　　(4) 测量内径尺寸时，应轻轻摆动，以便找出最大值。

　　(5) 游标卡尺用完后，仔细擦净，抹上防护油，平放在盒内，以防生锈或弯曲。

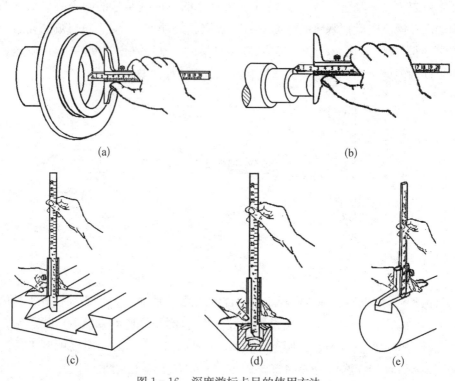

(a)   (b)

(c)   (d)   (e)

图 1 - 16   深度游标卡尺的使用方法

二、千分尺

应用螺旋测微原理制成的量具,称为螺旋测微量具(千分尺)。它们的测量精度比游标卡尺高,并且测量比较灵活。因此,当加工精度要求较高时多被应用。千分尺的读数值为 0.01 mm,工厂习惯上把千分尺称为分厘卡。千分尺的种类很多,机械加工车间常用的有:外径千分尺、内径千分尺、深度千分尺以及螺纹千分尺和公法线千分尺等,并分别测量或检验零件的外径、内径、深度、厚度以及螺纹的中径和齿轮的公法线长度等。

1. 外径千分尺的结构

各种千分尺的结构大同小异,常用外径千分尺是用以测量或检验零件的外径、凸肩厚度以及板厚或壁厚等(测量孔壁厚度的千分尺,其量面呈球弧形)。外径千分尺的结构由固定的尺架、测砧、测微螺杆、固定套管、微分筒、测力装置、锁紧装置等组成。固定套管上有一条水平线,这条线上、下各有一列间距为1 mm

的刻度线,上面的刻度线恰好在下面二相邻刻度线中间。微分筒上的刻度线是将圆周分为 50 等分的水平线,它是旋转运动的。根据螺旋运动原理,当微分筒(又称可动刻度筒)旋转一周时,测微螺杆前进或后退一个螺距为 0.5 mm。这样,当微分筒旋转一个分度后,它转过了 1/50 周,这时螺杆沿轴线移动了 $1/50 \times 0.5 = 0.01(\mathrm{mm})$。因此,使用千分尺可以正确读出 0.01 mm 的数值。图 1-17 是测量范围为 0~25 mm 的外径千分尺。尺架 1 的一端装着固定测砧 2,另一端装着测微头。固定测砧和测微螺杆的测量面上都镶有硬质合金,以提高测量面的使用寿命。尺架的两侧面覆盖着绝热板 12,使用千分尺时,手拿在绝热板上,防止人体的热量影响千分尺的测量精度。

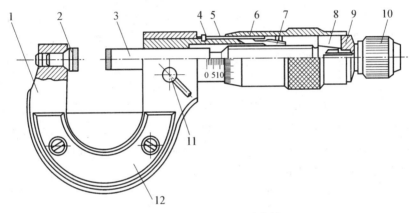

图 1-17 0~25 mm 千分尺

1-尺架;2-固定测砧;3-测微螺杆;4-螺纹轴套;5-固定刻度套筒;6-微分筒;
7-调节螺母;8-接头;9-垫片;10-测力装置;11-锁紧螺钉;12-绝热板

2. 千分尺的测量范围

千分尺测微螺杆的移动量为 25 mm,所以千分尺的测量范围一般为 25 mm。为了使千分尺能测量更大范围的长度尺寸,以满足工业生产的需要,千分尺的尺架做成各种尺寸,形成不同测量范围的千分尺。目前,国产千分尺测量范围的尺寸(mm)分段为:

0~25;25~50;50~75;75~100;100~125;125~150;150~175;175~200;200~225;225~250;250~275;275~300;300~325;325~350;350~375;375~400;400~425;425~450;450~475;475~500;500~600;600~700;700~800;800~900;900~1 000。

测量上限大于 300 mm 的千分尺,也可把固定测砧做成可调式的或可换测砧,从而使此千分尺的测量范围为 100 mm。

测量上限大于 1 000 mm 的千分尺,也可将测量范围制成为 500 mm,目前国产最大的千分尺为 2 500～3 000 mm 的千分尺。

3. 千分尺的工作原理和读数方法

(1) 千分尺的工作原理如外径千分尺的工作原理就是应用螺旋读数机构,它包括一对精密的螺纹——测微螺杆与螺纹轴套(见图 1-17 中的 3 和 4)和一对读数套筒——固定套筒与微分筒(见图 1-17 中的 5 和 6)。用千分尺测量零件的尺寸,就是把被测零件置于千分尺的两个测量面之间。所以两测砧面之间的距离,就是零件的测量尺寸。当测微螺杆在螺纹轴套中旋转时,由于螺旋线的作用,测量螺杆就有轴向移动,使两测砧面之间的距离发生变化。如测微螺杆按顺时针的方向旋转一周,两测砧面之间的距离就缩小一个螺距。同理,若按逆时针方向旋转一周,则两砧面的距离就增大一个螺距。常用千分尺测微螺杆的螺距为 0.5 mm。因此,当测微螺杆顺时针旋转一周时,两测砧面之间的距离就缩小 0.5 mm。当测微螺杆顺时针旋转不到一周时,缩小的距离就小于一个螺距,它的具体数值,可从与测微螺杆结成一体的微分筒的圆周刻度上读出。微分筒的圆周上刻有 50 个等分线,当微分筒转一周时,测微螺杆就推进或后退 0.5 mm,微分筒转过它本身圆周刻度的一小格时,两测砧面之间转动的距离为

$$0.5 \div 50 = 0.01 (\text{mm})$$

由此可知:千分尺上的螺旋读数机构,已正确的读出 0.01 mm,也就是千分尺的读数值为 0.01 mm。

千分尺的读数方法在千分尺的固定套筒上刻有轴向中线,作为微分筒读数的基准线。另外,为了计算测微螺杆旋转的整数转,在固定套筒中线的两侧,刻有两排刻线,刻线间距均为 1 mm,上下两排相互错开 0.5 mm。

(2) 千分尺的具体读数方法可分为三步:

第一步:读出固定套筒上露出的刻线尺寸,一定要注意不能遗漏应读出的 0.5 mm 的刻线值。

第二步:读出微分筒上的尺寸,要看清微分筒圆周上哪一格与固定套筒的中线基准对齐,将格数乘 0.01 mm 即得微分筒上的尺寸。

第三步:将上面两个数相加,即为千分尺上测得尺寸。

如图 1-18(a)所示,在固定套筒上读出的尺寸为 8 mm,微分筒上读出的尺

寸为 27(格)×0.01＝0.27(mm)，上两数相加即得被测零件的尺寸为 8.27 mm；如图 1-18(b)所示，在固定套筒上读出的尺寸为 8.5 mm，在微分筒上读出的尺寸为 27(格)×0.01＝0.27(mm)，上两数相加即得被测零件的尺寸为 8.77 mm。

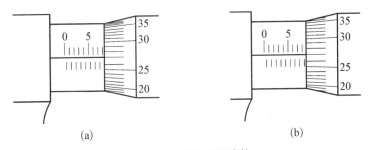

图 1-18　千分尺的读数

4. 外径千分尺的零位校准

使用千分尺时先要校准零位，因此先松开锁紧装置，清除油污，特别是测砧与测微螺杆间接触面要清洗干净。检查微分筒的端面是否与固定套管上的零刻度线重合，若不重合应先旋转旋钮，直至螺杆要接近测砧时，旋转测力装置，当螺杆恰好与测砧接触时会听到喀喀声，这时停止转动。如两零线仍不重合(两零线重合的标志是：微分筒的端面与固定刻度的零线重合，且可动刻度的零线与固定刻度的水平横线重合)，可将固定套管上的小螺丝松动，用专用扳手调节套管的位置，使两零线对齐，再把小螺丝拧紧。不同厂家生产的千分尺的调零方法不一样，这里仅是其中一种调零的方法。检查千分尺零位是否校准时，要使螺杆和测砧接触，偶尔会发生向后旋转测力装置两者不分离的情形。这时可用左手手心用力顶住尺架上测砧的左侧，右手手心顶住测力装置，再用手指沿逆时针方向旋转旋钮，可以使螺杆和测砧分开。

5. 千分尺使用及注意事项

(1) 千分尺是一种精密的量具，使用时应小心谨慎，动作轻缓，不要让它受到打击和碰撞。千分尺内的螺纹非常精密，使用时要留意：① 旋钮和测力装置在转动时都不能过分用力；② 当转动旋钮使测微螺杆靠近待测物时，一定要改旋测力装置，不能转动旋钮使螺杆压在待测物上；③ 当测微螺杆与测砧已将待测物卡住或旋紧锁紧装置的情况下，决不能强行转动旋钮。

(2) 有些千分尺为了防止手温使尺架膨胀引起微小的误差，在尺架上装有隔热装置。实验时应手握隔热装置，而尽量少接触尺架的金属部分。

（3）使用千分尺测同一长度时，一般应反复丈量几次，取其均匀值作为丈量结果。

（4）千分尺用毕后，应用纱布擦干净，在测砧与螺杆之间留出一点空隙，放进盒中。如长期不用可抹上黄油或机油，放置在干燥的地方。留意不要让它接触腐蚀性的气体。

三、钢直尺及塞尺

1. 钢直尺

钢直尺是最简单的长度量具，它的长度有 150 mm、300 mm、500 mm 和 1 000 mm 四种规格。

图 1-19　常用 150 mm 钢直尺

钢直尺用于测量零件的长度尺寸（见图 1-20），钢直尺的刻线间距为 1 mm，而刻线本身的宽度就有 0.1～0.2 mm，测量时读数误差比较大，只能读出毫米（mm）数，即它的最小读数值为 1 mm，比 1 mm 小的数值，其测量结果不太准确，只能估计而得。

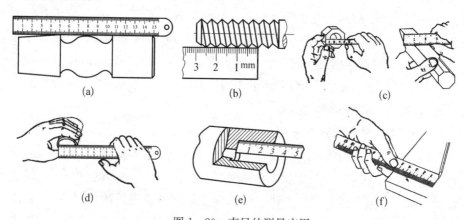

图 1-20　直尺的测量应用

（a）量长度；（b）量螺距；（c）量宽度；（d）量内孔；（e）量深度；（f）划线

如果用钢直尺直接去测量零件的直径尺寸（轴径或孔径），则测量精度更差。其原因是：除了钢直尺本身的读数误差比较大以外，还由于钢直尺无法正好放在零件直径的正确位置。所以,零件直径尺寸的测量,也可以利用钢直尺和内外卡钳配合起来进行。

2. 塞尺

塞尺又称厚薄规或间隙片,主要用来检验机床特别是紧固面和紧固面、活塞与气缸、活塞环槽和活塞环、十字头滑板和导板、进排气阀顶端和摇臂、齿轮啮合间隙等两个结合面之间的间隙大小。塞尺是由许多层厚薄不一的薄钢片组成(见图 1-21)按照塞尺的组别制成一把一把的塞尺,每把塞尺中的每片具有两个平行的测量平面,且都有厚度标记,以供组合使用。测量时,根据结合面间隙的大小,用一片或数片重叠在一起塞进间隙内。例如用 0.03 mm 的一片能插入间隙,而 0.04 mm 的一片不能插入间隙,这说明间隙在 0.03~0.04 mm 之间,所以塞尺也是一种界限量规。

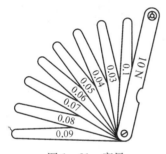

图 1-21 塞尺

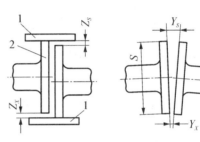

图 1-22 用直尺和塞尺测量轴的偏移与曲折

图 1-22 是主机与轴系法兰定位检测,将直尺贴附在以轴系推力轴或第一中间轴为基准的法兰外圆的素线上,用塞尺测量直尺与之连接的柴油机曲轴或减速器输出轴法兰外圆的间隙 Z_X、Z_S,并依次在法兰外圆的上、下、左、右四个位置上进行测量。图 1-23 是检验机床尾座紧固面的间隙(<0.04 mm)。

使用塞尺时必须注意下列几点:

(1) 根据结合面的间隙情况选用塞尺片数,但片数愈少愈好。

(2) 测量时不能用力太大,以免塞尺遭受弯曲和折断。

(3) 不能测量温度较高的工件。

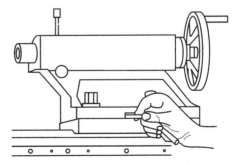

图 1-23 用塞尺测量尾座紧固面间隙

表 1-3 塞 尺 的 规 格

A 型	B 型	塞尺片长度/mm	片数	塞尺的厚度(mm)及组装顺序
组别标记				
75A13	75B13	75	13	0.02;0.02;0.03;0.03;0.04; 0.04;0.05;0.05;0.06;0.07; 0.08;0.09;0.10
100A13	100B13	100		
150A13	150B13	150		
200A13	200B13	200		
300A13	300B13	300		
75A14	75B14	75	14	1.00;0.05;0.06;0.07;0.08; 0.09;0.19;0.15;0.20;0.25; 0.30;0.40;0.50;0.75
100A14	100B14	100		
150A14	150B14	150		
200A14	200B14	200		
300A14	300B14	300		
75A17	75B17	75	17	0.50;0.02;0.03;0.04;0.05; 0.06;0.07;0.08;0.09;0.10; 0.15;0.20;0.25;0.30;0.35; 0.40;0.45
100A17	100B17	100		
150A17	150B17	150		
200A17	200B17	200		
300A17	300B17	300		

四、百分表

利用精密齿条齿轮机构制成的表式通用长度测量工具。百分表(千分表)的结构：当量杆移动 1 mm 时,这一移动量通过齿条、轴齿轮 1、齿轮和轴齿轮 2 放大后传递给安装在轴齿轮 2 上的指针 5,使指针转动一圈(见图 1-24)。若圆刻度盘沿圆周印制有 100 个等分刻度,每一分度值即相当于量杆移动 0.01 mm,则这种表式测量工具常称为百分表。若增加齿轮放大机构的放大比,使圆表盘上的分度值为 0.001 mm 或 0.002 mm(圆表盘上有 200 个或 100 个等分刻度),则这种表式测量工具即称为千分表。二者的原理是相同的。百分表(千分表)是美国的 B. C. 艾姆斯等,于 1890 年制成的。它常用于形状和位置误差以及小位移的长度测量。百分表的示值范围一般为 0~10 mm,大的可以达到 100 mm。改变测头形状并配以相应的支架,可制成百分表的变形品种,例如厚度百分表、深度百分表和内径百分表等。如用杠杆代替齿条则可制成杠杆百分表和杠杆千分表,其示值范围较小,但灵敏度较高。此外,它们的测头可以在一定角度内转动,能适应不同方向的测量,结构也紧凑。它们适用于测量普通百分表难以测量

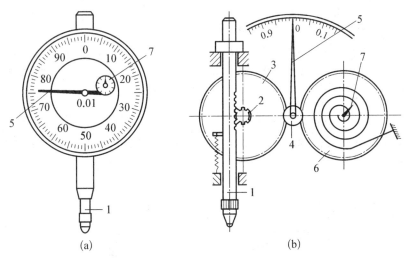

图 1-24　百分表的原理

(a) 百分表；(b) 传动原理

的外圆、小孔和沟槽等的形状和位置误差。

1. 百分表的结构原理与读数方法

百分表是一种精度较高的比较量具,它只能测出相对数值,不能测出尽对数值,主要用于丈量外形和位置误差,也可用于机床上安装工件时的精密找正。百分表的读数正确度为 0.01 mm。百分表的结构原理如图 1-24 所示。当丈量杆 1 向上或向下移动 1 mm 时,通过齿轮传动系统带动大指针 5 转一圈,小指针 7 转一格。刻度盘在圆周上有 100 个等分格,每格的读数值为 0.01 mm。小指针每格读数为 1 mm。丈量时指针读数的变动量即为尺寸变化量。刻度盘可以转动,以便丈量时大指针对准零刻线。

百分表的读数方法为:先读小指针转过的刻度线(即毫米整数),再读大指针转过的刻度线(即小数部分),并乘以 0.01,然后两者相加,即得到所丈量的数值。

2. 百分表的使用

由于千分表的读数精度比百分表高,所以百分表适用于尺寸精度为 IT6～IT8 级零件的校正和检验;千分表则适用于尺寸精度为 IT5～IT7 级零件的校正和检验。百分表和千分表按其制造精度,可分为 0 级、1 级、2 级三种,0 级精度较高。使用时,应按照零件的形状和精度要求,选用合适的百分表或千分表的精度等级和测量范围。

使用百分表和千分表时,必须注意以下几点:

(1)使用前,应检查测量杆活动的灵活性。即轻轻推动测量杆时,测量杆在套筒内的移动要灵活,没有任何轧卡现象,且每次放松后,指针能回复到原来的刻度位置。

(2)使用百分表或千分表时,必须把它固定在可靠的夹持架上(如固定在万能表架或磁性表座上,图 1-25 所示),夹持架要安放平稳,免使测量结果不准确或摔坏百分表。

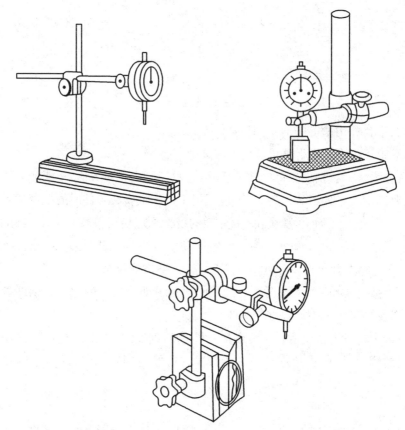

图 1-25 安装在专用夹持架上的百分表

用夹持百分表的套筒来固定百分表时,夹紧力不要过大,以免因套筒变形而使测量杆活动不灵活。

（3）用百分表或千分表测量零件时,测量杆必须垂直于被测量表面（见图1-26）。即使测量杆的轴线与被测量尺寸的方向一致,否则将使测量杆活动不灵活或使测量结果不准确。

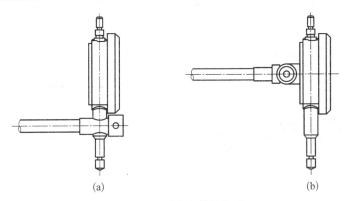

(a)　　　　　　　　　　　　　(b)

图1-26　百分表安装方法

（4）测量时,不要使测量杆的行程超过它的测量范围;不要使测量头突然撞在零件上;不要使百分表和千分表受到剧烈的振动和撞击,亦不要把零件强迫推入测量头下,免得损坏百分表和千分表的机件而失去精度。因此,用百分表测量表面粗糙或有显著凹凸不平的零件是错误的。

（5）用百分表校正或测量零件时,如图1-27所示。应当使测量杆有一定的初始测力。即在测量头与零件表面接触时,测量杆应有0.3～1 mm的压缩量（千分表可小一点,有0.1 mm即可）,使指针转过半圈左右,然后转动表圈,使表盘的零位刻线对准指针。轻轻地拉动手提测量杆的圆头,拉起和放松几次,检查指针所指的零位有无改变。当指针的零位稳定后,再开始测量或校正零件的工作。如果是校正零件,此时开始改变零件的相对位置,读出指针的偏摆值,就是零件安装的偏差数值。

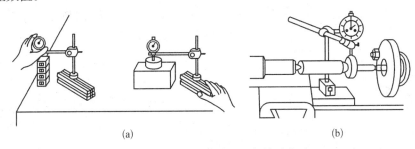

(a)　　　　　　　　　　　　(b)

图1-27　百分表尺寸校正与检验方法

（6）检查工件平整度或平行度时（见图1-28），将工件放在平台上，使测量头与工件表面接触，调整指针使摆动，然后把刻度盘零位对准指针，跟着慢慢地移动表座或工件，当指针顺时针摆动时，说明了工件偏高；反时针摆动，则说明了工件偏低了。

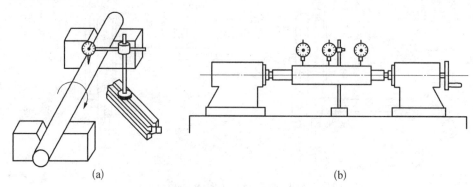

图1-28　轴类零件圆度、圆柱度及跳动
（a）工件放在 V 形铁上；（b）工件放在专用检架上

当进行轴测的时候，就是以指针摆动最大数字为读数（最高点），测量孔的时候，就是以指针摆动最小数字（最低点）为读数。

检验工件的偏心度时，如果偏心距较小，可按图1-29所示方法测量偏心距，把被测轴装在两顶尖之间，使百分表的测量头接触在偏心部位上（最高点），用手转动轴，百分表上指示出的最大数字和最小数字（最低点）之差的二分之一就等于偏心距的实际尺寸。偏心套的偏心距也可用上述方法来测量，但必须将偏心套装在心轴上进行测量。

偏心距较大的工件，因受到百分表测量范围的限制，就不能用上述方法测量。这时可用如图1-30所示的间接测量偏心距的方法。测量时，把 V 形铁放在平板上，并把工件放在 V 形铁中，转动偏心轴，用百分表测量出偏心轴的最高点，找出最高点后，工件固定不动。再用百分表水平移动，测出偏心轴外圆到基准外圆之间的距离 a，然后用下式计算出偏心距 e：

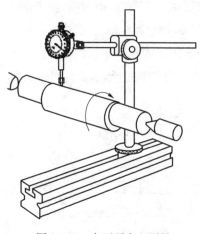

图1-29　在两顶尖上测量
偏心距的方法

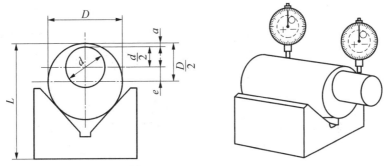

图 1-30 偏心距的间接测量方法

$$\frac{D}{2} = e + \frac{d}{2} + a$$

$$e = \frac{D}{2} - \frac{d}{2} - a$$

式中：e-偏心距(mm)；D-基准轴外径(mm)；d-偏心轴直径(mm)；a-基准轴外圆到偏心轴外圆之间最小距离(mm)。

用上述方法,必须把基准轴直径和偏心轴直径用百分尺测量出正确的实际尺寸,否则计算时会产生误差。

(7) 检验车床主轴轴线对刀架移动平行度时,在主轴锥孔中插入一检验棒,把百分表固定在刀架上,使百分表测头触及检验棒表面,如图 1-31 所示。移动刀架,分别对侧母线 A 和上母线 B 进行检验,记录百分表读数的最大差值。为

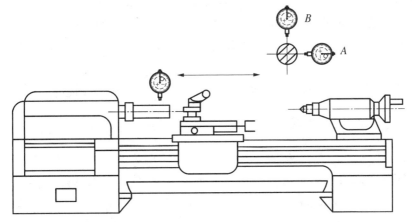

图 1-31 主轴轴线对刀架移动的平行度检验

A-侧母线位置；B-上母线位置

消除检验棒轴线与旋转轴线不重合对测量的影响,必须旋转主轴180°,再同样检验一次 A、B 的误差分别计算,两次测量结果的代数和之半就是主轴轴线对刀架移动的平行度误差。要求水平面内的平行度允差只许向前偏,即检验棒前端偏向操作者;垂直平面内的平行度允差只许向上偏。

(8) 检验刀架移动在水平面内直线度时,将百分表固定在刀架上,使其测头顶在主轴和尾座顶尖间的检验棒侧母线上(见图 1-31 位置 A),调整尾座,使百分表在检验棒两端的读数相等。然后移动刀架,在全行程上检验。百分表在全行程上读数的最大代数差值,就是水平面内的直线度误差。

(9) 在使用百分表和千分表的过程中,要严格防止水、油和灰尘渗入表内,测量杆上也不要加油,免得粘有灰尘的油污进入表内,影响表的灵活性。

(10) 百分表和千分表不使用时,应使测量杆处于自由状态,免使表内的弹簧失效。如内径百分表上的百分表,不使用时,应拆下来保存。

3. 百分表使用注意事项

(1) 使用前,应检查丈量杆活动的灵活性。即轻轻推动丈量杆时,丈量杆在套筒内的移动要灵活,没有如何轧卡现象,每次手松开后,指针能回到原来的刻度位置。

(2) 使用时,必须把百分表固定在可靠的夹持架上。切不可贪图省事,随便夹在不稳固的地方,否则易造成丈量结果不正确,或摔坏百分表。

(3) 丈量时,不要使丈量杆的行程超过它的丈量范围,不要使表头忽然撞到工件上,也不要用百分表丈量表面粗糙度或有明显凹凸不平的工作。

(4) 丈量平面时,百分表的丈量杆要与平面垂直,丈量圆柱形工件时,丈量杆要与工件的中心线垂直,否则,将使丈量杆活动不灵或丈量结果不正确。

(5) 为方便读数,在丈量前一般都让大指针指到刻度盘的零位。

(6) 百分表不用时,应使丈量杆处于自由状态,以免使表内弹簧失效。

五、量具的维护和保养

在机件测量中,为了获得理想的精确度,除了控制测量环境因素外,对工量具本身的使用与保养上要必须小心注意。因使用不当,会产生测量误差;保养不周,则会损其精度,更影响产品品质。所以,一般工量具的使用与保养应注意以下事项:

1. 工量具使用前之准备

(1) 开始量测前,确认工量具是否归零。

（2）检查工量具量测面有无锈蚀、磨损或刮伤等。

（3）先清除工件测量面之毛边、油污或渣屑等。

（4）用清洁软布或无尘纸擦拭干净。

（5）需要定期检验记录簿，必要时再校正一次。

（6）将待使用的工量具及仪器齐排列为适当位置，不可重叠放置。

（7）易损的工量具，要用软绒布或软擦拭纸铺在工作台上（如：光学平镜等）。

2. 工量具使用时应注意事项

（1）测量时与工件接触应适当，不可偏斜，要避免用手触及测量面，保护工量具。

（2）测量力应适当，过大的测量压力会产生测量误差，容易对工量具有损伤。

（3）工件之夹持方式要适当，以免测量不准确。

（4）不可测量转动中的工件，以免发生危险。

（5）不要将工量具强行推入工件中或夹虎钳上使用。

（6）不可任意敲击、乱丢或乱放工量具。

（7）特殊量具的使用，应遵照一定的方法和步骤来使用。

3. 工量具使用后的保养

（1）使用后，应清洁干净。

（2）将清洁后的工量具涂上防锈油，存放于柜内。

（3）拆卸、调整、修改及装配等，应由专门管理人员实施，不可擅自施行。

（4）应定期检查储存工量具的性能是否正常，并作成保养记录。

（5）应定期检验，校验尺寸是否合格，以作为继续使用或淘汰的依据，并作成校验保养的记录。

第二节　公差与配合

一、公差与配合基础知识简介

孔与轴的结合是机器中应用最广的基本结合形式。为了满足互换性的要求,必须制订出孔、轴的尺寸公差及配合松紧程度的配合标准。本章介绍尺寸公差与配合的基本概念,孔、轴公差带的大小和位置以及公差与配合的应用。

1. 基本术语及定义

(1) 尺寸主要包括基本尺寸、实际尺寸、作用尺寸和极限尺寸等。

基本尺寸　基本尺寸是设计给定的尺寸。孔的基本尺寸以 D 表示,轴的基本尺寸以 d 表示。基本尺寸是在设计中,根据强度、刚度、结构、工艺等多种因素确定的,然后再标准化。基本尺寸是计算偏差、极限尺寸的起始尺寸。它只表示尺寸的基本大小,并不是在实际加工中要求得到的尺寸。

实际尺寸　实际尺寸是通过测量得到的尺寸。孔的实际尺寸以 D_a 表示,轴的实际尺寸以 d_a 表示。实际尺寸不是孔或轴的真实尺寸,因为在测量时存在测量仪器本身的误差、测量方法产生的误差、温差产生的误差等。同时由于形状误差的影响,零件同一表面各个部位的实际尺寸也是不完全相同的,可通过多处测量确定实际尺寸。

作用尺寸　在配合面的全长上,与实际孔内接的最大理想轴的尺寸,称为孔的作用尺寸,以 D_m 表示。与实际轴外接的最小理想孔的尺寸,称为轴的作用尺寸以 d_m 表示,如图 1-32 所示。

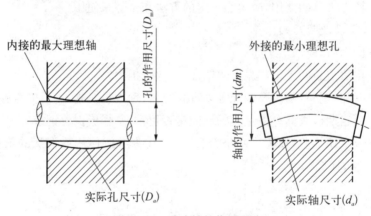

图 1-32　孔或轴的作用尺寸

作用尺寸是根据孔、轴的实际形状定义的理想参数。同一批各个零件的孔、轴的作用尺寸是不同的,因为各个孔、轴的实际形状是不同的,但某一个实际孔、轴的实际形状是确定的,作用尺寸是唯一的。由图 1-32 可知,当被测孔、轴存在形状误差时,孔的作用尺寸总是小于实际尺寸($D_m < D_a$);轴的作用尺寸总是

大于实际尺寸（$d_m > d_a$）。只有在孔的作用尺寸大于轴的作用尺寸（$D_m > d_m$）时，两者才能自由装配。

极限尺寸　极限尺寸是允许尺寸变化的界限制。一般规定两个界限制，其中较大的称为最大极限尺寸，较小的称为最小极限尺寸。极限尺寸是根据零件的使用要求确定的，它可能大于、等于或小于基本尺寸。

孔的最大极限尺寸以 D_{max} 表示，最小极限尺寸 D_{min} 以表示；轴的最大极限尺寸以 d_{max} 表示，最小极限尺寸以 d_{min} 表示。

对于孔，其作用尺寸应不小于最小极限尺寸，其实际尺寸应不大于最大极限尺寸，即

$$D_m \geqslant D_{min}; D_a \leqslant D_{max}$$

对于轴，其作用尺寸应不大于最大极限尺寸，其实际尺寸应不小于最小极限尺寸，即：

$$d_m \leqslant d_{max}; d_a \geqslant d_{min}$$

由此可知，只有作用尺寸和实际尺寸都在极限尺寸范围之内，零件才是合格的，才能保证互换性要求。

（2）偏差是某一尺寸减其基本尺寸所得的代数差。偏差为代数差，可以为正值、负值或零，在进行计算时，必须带有正、负号，如图 1-33 所示。

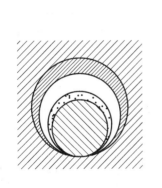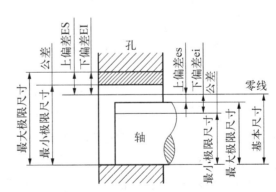

图 1-33　偏差计算

实际偏差　实际偏差是实际尺寸减其基本尺寸所得的代数差。

孔的实际偏差以 E_a 表示，$E_a = D_a - D$；轴的实际偏差以 e_a 表示，$e_a = d_a - d$。

极限偏差　极限偏差分为上偏差和下偏差：

上偏差是最大极限尺寸减其基本尺寸所得的代数差。孔的上偏差以 ES 表示，$ES = D_{max} - D$；轴的上偏差以 es 表示，$es = d_{max} - d$。

下偏差是最小极限尺寸减其基本尺寸所得的代数差。孔的下偏差以 EI 表示，$EI = D_{max} - D$；轴的下偏差以 ei 表示，$ei = d_{min} - d$。极限偏差是设计者根据实际需要确定的。

（3）公差及公差带。公差是允许尺寸的变动量。

公差带　公差带是由代表两极限偏差或两极限尺寸的两平行直线所限定的区域。

公差　公差表示一批零件尺寸允许变动的范围，这个范围大小的数量值就是公差，它是绝对值，不是代数值，所以零公差、负公差的说法都是错误的。公差等于最大极限尺寸与最小极限尺寸之代数差的绝对值，可用公式表示为：

孔的公差以 T_D 表示，$T_D = D_{max} - D_{min} = ES - EI$；

轴的公差以 T_d 表示，$T_d = d_{max} - d_{min} = es - ei$。

公差的大小表示对零件加工精度高低的要求，并不能根据公差的大小去判断零件尺寸是否合格。上、下偏差表示每个零件实际偏差大小变动的界限，是代数值，是判断零件尺寸是否合格的依据，与零件加工精度的要求无关，但是，上、下偏差之差的绝对值（公差）是与精度有关。公差是误差的允许值，是由设计确定的，不能通过实际测量得到。

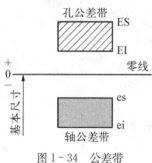

图 1 - 34　公差带

取基本尺寸为零线（零偏差线），用适当的比例画出以两极限偏差表示的公差带，称为公差带图，如图 1 - 34 所示。

在公差带图中，零线水平放置，取零线以上为正偏差，零线以下为负偏差。偏差以微米（μm）为单位。公差带的大小取决于公差的大小，公差大的公差带宽，公差小的公差带窄；公差带相对于零线的位置取决于某一极限偏差。公差和极限偏差的大小都是根据使用性能由设计确定的。

（4）配合。基本尺寸相同的、相互结合的孔和轴公差带之间的关系，称为配合。在孔与轴的配合中，孔的尺寸减去轴的尺寸所得之代数差，此差值为正时是间隙，以 X 表示，为负时是过盈，以 Y 表示（见图 1 - 35，图 1 - 36，图 1 - 37）。根据相互结合的孔、轴公差带的不同相对位置关系,可把配合分为间隙配合、过盈配合、过渡配合三种。

间隙配合　是具有间隙(包括最小间隙等于零)的配合。孔的公差带必定在轴的公差带之上,见图 1-35。

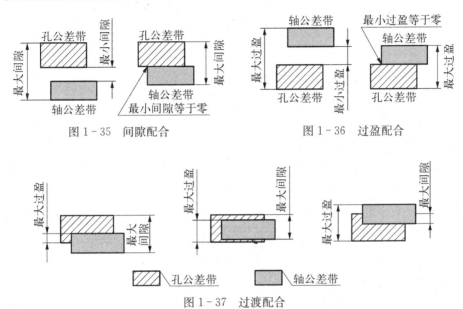

图 1-35　间隙配合　　　　　　图 1-36　过盈配合

图 1-37　过渡配合

一批相配合的孔、轴的实际尺寸是不同的,装配后间隙也是不同的。当孔为最大极限尺寸、轴为最小极限尺寸时,装配后会有最大间隙,以 X_{max} 表示;当孔为最小极限尺寸、轴为最大极限尺寸时,装配后会有最小间隙,以 X_{min} 表示。二者可用下列公式表示:

$$X_{max} = D_{max} - d_{min} = ES - ei$$

$$X_{min} = D_{max} - d_{max} = EI - es$$

过盈配合　是具有过盈(包括最小过盈等于零)的配合。孔的公差带必定在轴的公差带之下,见图 1-36。同样,一批相互配合的孔、轴的实际尺寸是变化的,每一对装配后的过盈也是变化的。当孔为最大极限尺寸、轴为最小极限尺寸时,装配后会有最小过盈,用 Y_{min} 表示;当孔为最小极限尺寸、轴为最大极限尺寸时,装配后会有最大过盈,用 Y_{max} 表示。

综合以上两种配合可得:

$D_{max} - d_{min} = \text{ES} - \text{ei}$ 代数差为正时是 X_{max}，为负时是 Y_{min}；

$D_{min} - d_{max} = \text{EI} - \text{es}$ 代数差为正时是 X_{min}，为负时是 Y_{max}。

过渡配合　是可能具有间隙或过盈的配合。孔与轴的公差带相互交叠，如图 1-37 所示。过渡配合介于间隙配合与过盈配合之间。某对孔、轴装配后，不是有间隙，就是有过盈，绝不会又有间隙又有过盈。过渡配合的计算同过盈配合。

2. 公差与配合的应用

公差与配合的应用，就是如何经济地满足使用要求，确定相配合孔、轴公差带的大小和位置，即选择基准制、公差等级、配合种类。

(1) 基准制的选择。基准制的选择与使用要求无关，不管选择基孔制还是基轴制，都可达到预期的目的，实现配合性质。但从工艺的经济性和结构的合理性考虑问题，对中、小尺寸应优先选用基孔制。因为基准孔的极限偏差是一定的，可用较少数量的刀具和量具（钻头、铰刀、拉刀、塞规等）；配合轴的极限偏差虽然很多，但可用一把车刀和砂轮加工，比较经济。反之若选用基轴制，就需要配备很大数量价值昂贵的钻头、铰刀、拉刀、塞规等刀具和量具，所以选用基孔制可取得明显的经济效果。基轴制只有在同标准件（滚动轴承等）配合或结构上的特殊要求等情况下选用。

(2) 公差等级的选择。确定公差等级应综合考虑各种因素，如果选择公差等级过高，当然可以满足使用要求，但加工难度大，成本高。选择公差等级过低，加工容易，成本低，未必能保证使用要求。所以，公差等级的选择应在满足使用要求的前提下，尽量选用较低的公差等级。保证产品质量，满足使用要求是选择时应首先考虑的因素，然后再考虑如何能更经济，选择比较合适的、尽量低的公差等级。一般情况采用类比法选择公差等级。

(3) 配合种类的选择。配合种类的选择，实质上是确定孔、轴配合应具有一定的间隙或过盈，满足使用要求，保证机器正常工作。当基准制、公差等级确定后，基准孔或基准轴的公差带就确定了，关键就是选择配合件公差带的位置，即选择配合件的基本偏差代号。

选择配合件的基本偏差代号一般采用类比法，根据使用要求、工作条件，首先确定配合的类别。对于工作时有相对运动或虽无相对运动却要求装拆方便的孔、轴，应该选用间隙配合；对于主要靠过盈保持相对静止或传递载荷的孔、轴，应该选用过盈配合；既要求对中性高，又要求装拆方便的孔、轴，应该选用过渡配合。

在满足实际生产需要和考虑生产发展需要的前提下,为了尽可能减少加工零件的刀具、量具和工艺装备的品种及规格,在常用尺寸标准中规定了优先、常用和一般用途的轴公差带(见图 1-38),圆圈中的轴公差带为优先的,方框中的轴公差带为常用的。在常用尺寸标准中还规定了优先、常用和一般用途的孔公差带(见图 1-39),圆圈中的孔公差带为优先的,方框中的孔公差带为常用的。选择配合件基本偏差时应注意按优先、常用、一般的顺序选取。

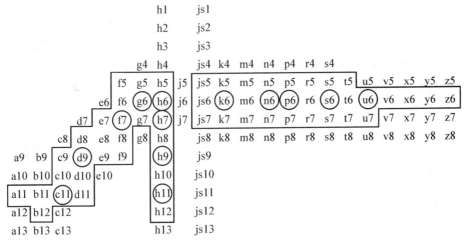

图 1-38　优先、常用和一般用途的轴公差带(尺寸≤500 mm)

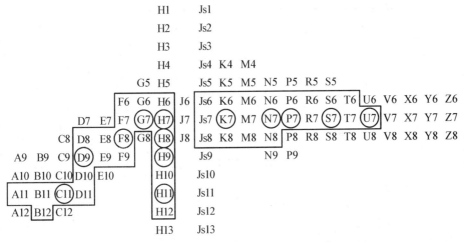

图 1-39　优先、常用和一般用途的孔公差带(尺寸≤500 mm)

二、形位公差

加工后的零件不仅有尺寸误差,构成零件几何特征的点、线、面的实际形状或相互位置与理想几何体规定的形状和相互位置还不可避免地存在差异,这种形状上的差异就是形状误差,而相互位置的差异就是位置误差,统称为形位误差(tolerance of form and position)。

1. 形位公差概况

形位公差包括形状公差和位置公差(形位公差术语根据 GB/T1182 - 2008 已改为新术语几何公差)。任何零件都是由点、线、面构成的,这些点、线、面称为要素。

机械加工后零件的实际要素相对于理想要素总有误差,包括形状误差和位置误差。这类误差影响机械产品的功能,设计时应规定相应的公差并按规定的标准符号标注在图样上。20 世纪 50 年代前后,工业化国家就有形位公差标准。国际标准化组织(ISO)于 1969 年公布形位公差标准,1978 年推荐了形位公差检测原理和方法。中国于 1980 年颁布形状和位置公差标准,其中包括检测规定。形状公差和位置公差简称为形位公差。

2. 项目符号

形位公差包括形状公差与位置公差,而位置公差又包括定向公差和定位公差,具体包括的内容及公差表示符号如表 1 - 4 所示:

表 1 - 4 形位公差图表

分类	特征项目	符号	分类		特征项目	符号
形状公差	直线度	—	位置公差	定向	平行度	//
	平面度	▱			垂直度	⊥
					倾斜度	∠
	圆 度	○		定位	同轴度	◎
	圆柱度	⌀			对称度	=
					位置度	⊕
	线轮廓度	⌒		跳动	圆跳动	↗
	面轮廓度	⌓			全跳动	⌰

（1）形状公差是指零件上被测要素（线和面）相对于理想形状的准确度，共有 6 项形状公差，如表 1 - 4 所示。

直线度　符号为一短横线（—），是限制实际直线对理想直线变动量的一项指标。它是针对直线发生不直而提出的要求。

平面度　符号为一平行四边形，是限制实际平面对理想平面变动量的一项指标。它是针对平面发生不平而提出的要求。

圆度　符号为一圆（○），是限制实际圆对理想圆变动量的一项指标。它是对具有圆柱面（包括圆锥面、球面）的零件，在一正截面（与轴线垂直的面）内的圆形轮廓要求。

圆柱度　符号为两斜线中间夹一圆（/○/），是限制实际圆柱面对理想圆柱面变动量的一项指标。它控制了圆柱体横截面和轴截面内的各项形状误差，如圆度、素线直线度、轴线直线度等。圆柱度是圆柱体各项形状误差的综合指标。

线轮廓度　符号为一上凸的曲线（⌒），是限制实际曲线对理想曲线变动量的一项指标。它是对非圆曲线的形状精度要求。

面轮廓度　符号为上面为一半圆下面加一横，是限制实际曲面对理想曲面变动量的一项指标，它是对曲面的形状精度要求。

（2）位置公差是指零件上被测要素（线和面）相对于基准之间的位置精度，共有 8 项位置公差，如表 1 - 4 所示。

平行度（∥）　用来控制零件上被测要素（平面或直线）相对于基准要素（平面或直线）的方向偏离 0°的要求，即要求被测要素对基准等距。

垂直度（⊥）　用来控制零件上被测要素（平面或直线）相对于基准要素（平面或直线）的方向偏离 90°的要求，即要求被测要素对基准成 90°。

倾斜度（∠）　用来控制零件上被测要素（平面或直线）相对于基准要素（平面或直线）的方向偏离某一给定角度（0°～90°）的程度，即要求被测要素对基准成一定角度（除 90°外）。

同轴度（◎）　用来控制理论上应该同轴的被测轴线与基准轴线的不同轴程度。

对称度（═）　一般用来控制理论上要求共面的被测要素（中心平面、中心线或轴线）与基准要素（中心平面、中心线或轴线）的不重合程度。

位置度（⊕）　一般用来控制被测实际要素相对于其理想位置的变动量，其理想位置由基准和理论正确尺寸确定。

圆跳动（✓）　圆跳动是被测实际要素绕基准轴线作无轴向移动、回转一周中，由位置固定的指示器在给定方向上测得的最大与最小读数之差。

全跳动（↗）　全跳动是被测实际要素绕基准轴线作无轴向移动的连续回转，同时指示器沿理想素线连续移动，由指示器在给定方向上测得的最大与最小读数之差。

3. 测量方法

目前有一种高效测量各种形位误差的测量方法，就是可以直接利用数据采集仪连接各种指示表，如百分表等，数据采集仪会自动读取测量数据并进行数据分析，无需人工测量跟数据分析，可以大大提高机械测量效率。

测量仪器：偏摆仪、百分表（或其他指示表）、数据采集仪。

测量原理：数据采集仪可从百分表中实时读取数据，并进行形位误差的计算与分析，各种形位误差计算公式已嵌入我们的数据采集仪软件中，完全不需要人工去计算繁琐的数据，可以大大提高测量的准确率。

（1）形状误差指零件上的点、线、面等几何要素在加工时可能产生的几何形状上的误差；指单一实际要素的形状所允许的变动全量，如表 1-5 所示。

图 1-5　形 状 公 差

项目	图　　例	说　　　　　明
直线度		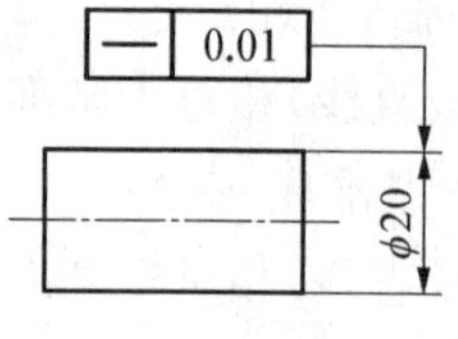 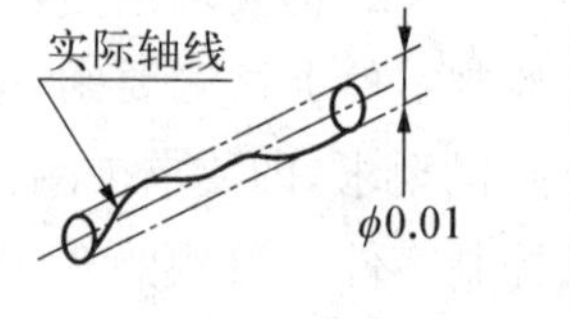 轴线直线度公差为 0.01 mm，实际轴线必须位于直径为 0.01 mm 的圆柱面内
平面度		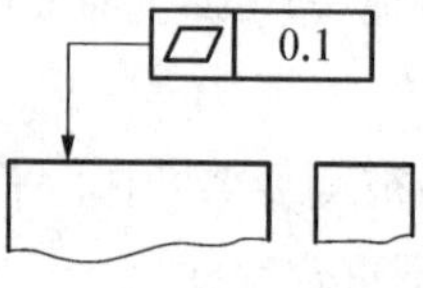 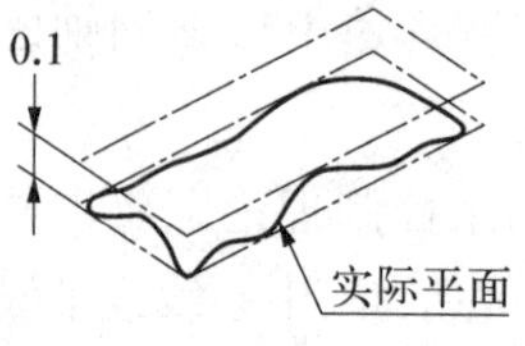 平面度公差为 0.1 mm，实际平面必须位于距离为 0.1 mm 的两平行平面内

项目	图　　例	说　　明
圆度	○ 0.005　　φ18	圆度公差为 0.005 mm，在任一横截面内，实际圆必须位于半径差为 0.005 mm 的二同心圆之间
圆柱度	⌭ 0.006　　φ30	圆柱度公差为 0.006 mm，实际圆柱面必须位于半径差为 0.006 mm的二同轴圆柱之间
线轮廓度	⌒ 0.1	线轮廓度公差为 0.1 mm，实际曲线必须位于包络以理想曲线为中心的一系列直径为 0.1 mm圆的两包络线之间
面轮廓度	⌓ 0.2	面轮廓度公差为 0.2 mm，实际曲面必须位于包络以理想曲面为中心的一系列直径为 0.2 mm球的两包络面之间

　　如：加工一根圆柱时，轴的各断面直径可能大小不同、或轴的断面可能不圆、或轴线可能不直、或平面可能翘曲不平等。

　　形状公差用形状公差带表达。形状公差带包括公差带形状、方向、位置和大小等四要素。形状公差项目有：直线度、平面度、圆度、圆柱度、线轮廓度、面轮廓度等六项。

　　（2）位置误差指零件上的结构要素在加工时可能产生的相对位置上的误

差,指关联实际要素的位置对基准所允许的变动全量,如表1-6所示。

表1-6 位置公差图

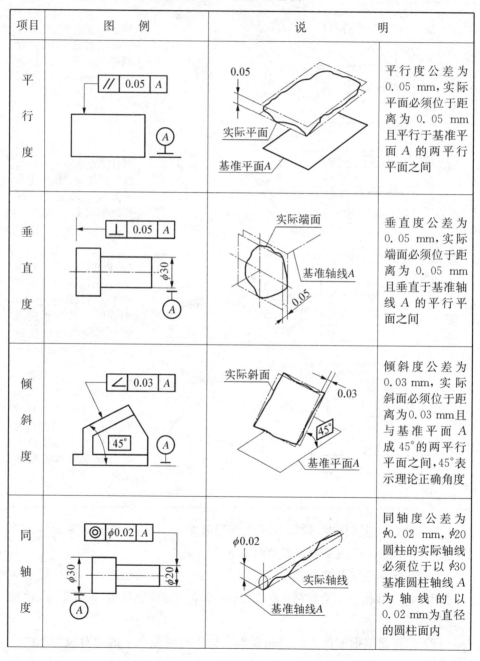

项目	图 例	说 明
平行度	// 0.05 A	平行度公差为0.05 mm,实际平面必须位于距离为0.05 mm且平行于基准平面A的两平行平面之间
垂直度	⊥ 0.05 A	垂直度公差为0.05 mm,实际端面必须位于距离为0.05 mm且垂直于基准轴线A的平行平面之间
倾斜度	∠ 0.03 A	倾斜度公差为0.03 mm,实际斜面必须位于距离为0.03 mm且与基准平面A成45°的两平行平面之间,45°表示理论正确角度
同轴度	◎ φ0.02 A	同轴度公差为φ0.02 mm,φ20圆柱的实际轴线必须位于以φ30基准圆柱轴线A为轴线的以0.02 mm为直径的圆柱面内

项目	图　例	说　　明
对称度	实际中心平面 辅助中心平面 基准轴线 A	对称度公差为 0.05 mm,键槽的实际中心平面必须位于距离为 0.05 mm 的两平行平面之间,该两平面是对称地配置在通过基准轴线 A 的辅助中心平面的两侧
位置度	实际轴线	位置度公差为 0.05 mm,三个 φ10 孔实际轴线必须分别位于直径为 0.05 mm 且以理想位置 30 为轴线的诸圆柱面内
圆跳动	基准轴线 实际表面 测量平面	径向圆跳动公差为 0.02 mm,φ50 圆柱面绕 φ30 圆柱基准轴线作无轴向移动回转时,在任一测量平面内的径向跳动量均不得大于 0.02 mm
	基准轴线 实际表面 测量圆柱面	端面圆跳动公差为 0.05 mm,当零件绕 φ20 圆柱基准轴线作无轴向移动回转时,在左端面上任一测量直径处的轴向跳动量均不得大于 0.05 mm

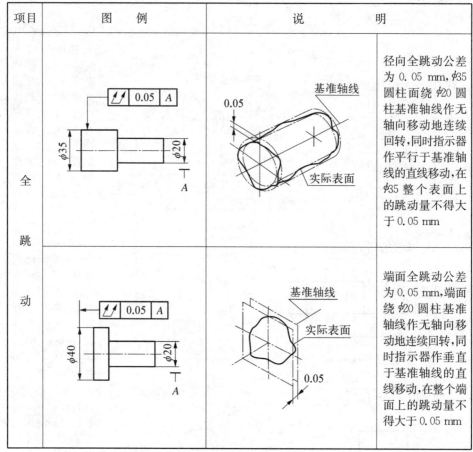

项目	图　　例	说　　明
全跳动	（径向全跳动图例）	径向全跳动公差为 0.05 mm,ϕ35 圆柱面绕 ϕ20 圆柱基准轴线作无轴向移动地连续回转,同时指示器作平行于基准轴线的直线移动,在 ϕ35 整个表面上的跳动量不得大于 0.05 mm
	（端面全跳动图例）	端面全跳动公差为 0.05 mm,端面绕 ϕ20 圆柱基准轴线作无轴向移动地连续回转,同时指示器作垂直于基准轴线的直线移动,在整个端面上的跳动量不得大于 0.05 mm

如:阶梯轴的各回转轴线可能有偏移等。

(3) 定向公差指关联实际要素对基准在方向上允许的变动全量。这类公差包括平行度、垂直度、倾斜度 3 项。

(4) 跳动公差是以特定的检测方式为依据而给定的公差项目。跳动公差可分为圆跳动与全跳动。

(5) 定位公差是关联实际要素对基准在位置上允许的变动全量。这类公差包括同轴度、对称度、位置度 3 项。

(6) 公差图标

零件的形位公差共 14 项,其中形状公差 6 个(见表 1 - 5),位置公差 8 个(见表 1 - 6)。

第三节　常用金属材料介绍

人类文明的发展和社会的进步同金属材料关系十分密切。继石器时代之后出现的铜器时代、铁器时代。均以金属材料的应用为其时代的显著标志。现代，种类繁多的金属材料已成为人类社会发展的重要物质基础。

一、金属名称

金属材料是指金属元素或以金属元素为主构成的具有金属特性的材料的统称。包括黑色金属、合金、金属材料金属间化合物、有色金属和特种金属材料等。

黑色金属是指铁和铁的合金。如钢、生铁合金、铸铁等。钢和生铁都是以铁为基础，以碳为主要添加元素的合金，统称为铁碳合金。

生铁是指把铁矿石放到高炉中冶炼而成的产品，主要用来炼钢和制造铸件。

把铸造生铁放在熔铁炉中熔炼，即得到铸铁（液状），把液状铸铁浇铸成铸件，这种铸铁叫铸铁件。

铁合金是由铁与硅、锰、铬、钛等元素组成的合金，铁合金是炼钢的原料之一，在炼钢时做钢的脱氧剂和合金元素添加剂用。

把炼钢用生铁放到炼钢炉内按一定工艺熔炼，即得到钢。钢的产品有钢锭、连铸坯和直接铸成各种钢铸件等。通常所讲的钢，一般是指轧制成各种钢材的钢。钢属于黑色金属，但钢不完全等于黑色金属。

有色金属又称非铁金属，指除黑色金属外的金属和合金，如铜、锡、铅、锌、铝以及黄铜、青铜、铝合金和轴承合金等。另外在工业上还采用铬、镍、锰、钼、钴、钒、钨、钛等，这些金属主要用作合金附加物，以改善金属的性能，其中钨、钛、钼等多用以生产刀具用的硬质合金。以上这些有色金属都称为工业用金属，此外还有贵重金属，如铂、金、银等，以及稀有金属，包括放射性的铀、镭等。

二、钢的分类

钢是含碳量在 $0.04\% \sim 2.3\%$ 之间的铁碳合金。为了保证其韧性和塑性，含碳量一般不超过 1.7%。钢的主要元素除铁、碳外，还有硅、锰、硫、磷等。钢的分类方法多种多样，其主要方法有如下七种：

1. 按钢的品质分类

按钢的品质可分为：① 普通钢（P≤0.045%，S≤0.050%）；② 优质钢（P、S均≤0.035%）；③ 高级优质钢（P≤0.035%，S≤0.030%）。

2. 按钢的化学成分分类

按钢的化学成分可分为碳素钢、合金钢。

碳素钢又可分为：① 低碳钢（C≤0.25%）；② 中碳钢（C≤0.25%～0.60%）；③ 高碳钢（C≤0.60%）。

合金钢又可分为：① 低合金钢（合金元素总含量≤5%）；② 中合金钢（合金元素总含量>5%～10%）；③ 高合金钢（合金元素总含量>10%）。

3. 按钢的成形方法分类

按钢的成形方法可分为：① 锻钢；② 铸钢；③ 热轧钢；④ 冷拉钢。

4. 按钢的金相组织分类

(1) 退火状态：① 亚共析钢（铁素体+珠光体）；② 共析钢（珠光体）；③ 过共析钢（珠光体+渗碳体）；④ 莱氏体钢（珠光体+渗体）。

(2) 正火状态：① 珠光体钢；② 贝氏体钢；③ 马氏体钢；④ 奥氏体钢。

(3) 无相变或部分发生相变。

5. 按钢的用途分类

(1) 建筑及工程用钢可分为：① 普通碳素结构钢；② 低合金结构钢；③ 钢筋钢。

(2) 结构钢可分为：① 机械制造用钢；② 调质结构钢；③ 表面硬化结构钢（包括渗碳钢、渗氮钢、表面淬火用钢）；④ 易切结构钢；⑤ 冷塑性成形用钢（包括冷冲压用钢、冷镦用钢，如弹簧钢和轴承钢等。

(3) 工具钢，具体包括：① 碳素工具钢；② 合金工具钢；③ 高速工具钢。

(4) 特殊性能钢包括：① 不锈耐酸钢；② 耐热钢包括抗氧化钢、热强钢、气阀钢；③ 电热合金钢；④ 耐磨钢；⑤ 低温用钢；⑥ 电工用钢。

(5) 专业用钢，如：① 桥梁用钢；② 船舶用钢；③ 锅炉用钢；④ 压力容器用钢；⑤ 农机用钢等。

6. 按钢的综合分类

(1) 普通钢，如：① 碳素结构钢（a. Q195；b. Q215（A、B）；c. Q235（A、B、C），d. Q255（A、B），e. Q275）；② 低合金结构钢；③ 特定用途的普通结构钢。

(2) 优质钢（包括高级优质钢），包括：① 结构钢（a. 优质碳素结构钢，b. 合金结构钢,c. 弹簧钢,d. 易切钢,e. 轴承钢,f. 特定用途优质结构钢);② 工具钢(a. 碳素工具钢,b. 合金工具钢,c. 高速工具钢);③ 特殊性能钢(a. 不锈耐酸钢,b. 耐热钢,c. 电热合金钢,d. 电工用钢,e. 高锰耐磨钢)。

7. 按钢的冶炼方法分类

(1) 按炉种分:① 平炉钢(a. 酸性平炉钢,b. 碱性平炉钢);② 转炉钢(酸性转炉钢和碱性转炉钢,或底吹转炉钢、侧吹转炉钢和顶吹转炉钢);③ 电炉钢(a. 电弧炉钢,b. 电渣炉钢,c. 感应炉钢,d. 真空自耗炉钢,e. 电子束炉钢)。

(2) 按脱氧程度和浇注制度分:① 沸腾钢;② 半镇静钢;③ 镇静钢;④ 特殊镇静钢。

三、机械性能

金属材料的性能一般分为工艺性能和使用性能两类。所谓工艺性能是指机械零件在加工制造过程中,金属材料在所定的冷、热加工条件下表现出来的性能。金属材料工艺性能的好坏,决定了它在制造过程中加工成形的适应能力。由于加工条件不同,要求的工艺性能也就不同,如铸造性能、可焊性、可锻性、热处理性能、切削加工性等。所谓使用性能是指机械零件在使用条件下,金属材料表现出来的性能,它包括机械性能、物理性能、化学性能等。金属材料使用性能的好坏,决定了它的使用范围与使用寿命。

在机械制造业中,一般机械零件都是在常温、常压和非强烈腐蚀性介质中使用的,且在使用过程中各机械零件都将承受不同载荷的作用。金属材料在载荷作用下抵抗破坏的性能,称为机械性能(或称为力学性能)。

金属材料的机械性能是零件的设计和选材时的主要依据。外加载荷性质不同(例如拉伸、压缩、扭转、冲击、循环载荷等),对金属材料要求的机械性能也将不同。常用的机械性能包括:强度、塑性、硬度、冲击韧性、多次冲击抗力和疲劳极限等。下面将分别讨论各种机械性能。

1. 强度

强度是指金属材料在静荷作用下抵抗破坏(过量塑性变形或断裂)的性能。由于载荷的作用方式有拉伸、压缩、弯曲、剪切等形式,所以强度也分为抗拉强度、抗压强度、抗弯强度、抗剪强度等。各种强度间常有一定的联系,使用中一般较多以抗拉强度作为最基本的强度指针。

2. 塑性

塑性是指金属材料在载荷作用下,产生塑性变形(永久变形)而不破坏的能力。

3. 硬度

硬度是衡量金属材料软硬程度的指针。目前生产中测定硬度方法最常用的是压入硬度法,它是用一定几何形状的压头在一定载荷下压入被测试的金属材料表面,根据被压入程度来测定其硬度值。

常用的方法有布氏硬度(HB)、洛氏硬度(HRA、HRB、HRC)和维氏硬度(HV)等方法。

4. 疲劳

前面所讨论的强度、塑性、硬度都是金属在静载荷作用下的机械性能指针。实际上,许多机器零件都是在循环载荷下工作的,在这种条件下零件会产生疲劳。

5. 冲击韧性

以很大速度作用于机件上的载荷称为冲击载荷,金属在冲击载荷作用下抵抗破坏的能力叫做冲击韧性。

四、金属材料的特殊性质

1. 疲劳

许多机械零件和工程构件,是承受交变载荷工作的。在交变载荷的作用下,虽然应力水平低于材料的屈服极限,但经过长时间的应力反复循环作用以后,也会发生突然脆性断裂,机械零件的这种现象叫做金属材料的疲劳。

金属材料疲劳断裂的特点是:① 载荷应力是交变的;② 载荷的作用时间较长;③ 断裂是瞬时发生的;④ 无论是塑性材料还是脆性材料,在疲劳断裂区都是脆性的。

所以,疲劳断裂是工程上最常见、最危险的断裂形式。

金属材料的疲劳现象,按条件不同可分为下列几种:

(1) 高周疲劳,指在低应力(工作应力低于材料的屈服极限,甚至低于弹性极限)条件下,应力循环周数在 100 000 以上的疲劳。它是最常见的一种疲劳破坏。高周疲劳一般简称为疲劳。

(2) 低周疲劳,指在高应力(工作应力接近材料的屈服极限)或高应变条件下,应力循环周数在 10 000~100 000 以下的疲劳。由于交变的塑性应变在这种疲劳破坏中起主要作用,因而,也称为塑性疲劳或应变疲劳。

(3) 热疲劳,指由于温度变化所产生的热应力的反复作用,所造成的疲劳破坏。

(4) 腐蚀疲劳,指机器部件在交变载荷和腐蚀介质(如酸、碱、海水、活性气体等)的共同作用下,所产生的疲劳破坏。

(5) 接触疲劳,这是指机器零件的接触表面,在接触应力的反复作用下,出现麻点剥落或表面压碎剥落,从而造成机件失效破坏。

2. 塑性

塑性是指金属材料在载荷外力的作用下,产生永久变形(塑性变形)而不被破坏的能力。金属材料在受到拉伸时,长度和横截面积都要发生变化,因此,金属的塑性可以用长度的伸长(延伸率)和断面的收缩(断面收缩率)两个指标来衡量。

金属材料的延伸率和断面收缩率愈大,表示该材料的塑性愈好,即材料能承受较大的塑性变形而不破坏。一般把延伸率大于百分之五的金属材料称为塑性材料(如低碳钢等),而把延伸率小于百分之五的金属材料称为脆性材料(如灰口铸铁等)。塑性好的材料,它能在较大的宏观范围内产生塑性变形,并在塑性变形的同时使金属材料因塑性变形而强化,从而提高材料的强度,保证了零件的安全使用。此外,塑性好的材料可以顺利地进行某些成型工艺加工,如冲压、冷弯、冷拔、校直等。因此,选择金属材料作机械零件时,必须满足一定的塑性指标。

3. 耐久性

建筑金属腐蚀的主要形态:

(1) 均匀腐蚀,指金属表面的腐蚀使断面均匀变薄。因此,常用年平均的厚度减损值作为腐蚀性能的指标(腐蚀率)。钢材在大气中一般呈均匀腐蚀。

(2) 孔蚀,指金属腐蚀呈点状并形成深坑。孔蚀的产生与金属的本性及其所处介质有关。在含有氯盐的介质中易发生孔蚀。孔蚀常用最大孔深作为评定指标。管道的腐蚀多考虑孔蚀问题。

(3) 电偶腐蚀,指不同金属的接触处,因所具不同电位而产生的腐蚀。

(4) 缝隙腐蚀,指金属表面在缝隙或其他隐蔽区域部常发生由于不同部位间介质的组分和浓度的差异所引起的局部腐蚀。

(5) 应力腐蚀,指在腐蚀介质和较高拉应力共同作用下,金属表面产生腐蚀并向内扩展成微裂纹,常导致突然破断。混凝土中的高强度钢筋(钢丝)可能发生这种破坏。

4. 硬度

硬度表示材料抵抗硬物体压入其表面的能力。它是金属材料的重要性能指标之一。一般硬度越高,耐磨性越好。常用的硬度指标有布氏硬度、洛氏硬度和维氏硬度。

(1) 布氏硬度(HB)以一定的载荷(一般 3 000 kg)把一定大小(直径一般为10 mm)的淬硬钢球压入材料表面,保持一段时间,去载后,负荷与其压痕面积之比值即为布氏硬度值(HB),单位为公斤力/mm^2(N/mm^2)。

(2) 洛氏硬度(HR)。当 HB>450 或者试样过小时,不能采用布氏硬度试验而改用洛氏硬度计量。它是用一个顶角 120°的金刚石圆锥体或直径为1.59 mm、3.18 mm 的钢球,在一定载荷下压入被测材料表面,由压痕的深度求出材料的硬度。根据试验材料硬度的不同,可采用不同的压头和总试验压力组成几种不同的洛氏硬度标尺,每一种标尺用一个字母在洛氏硬度符号 HR 后面加以注明。常用的洛氏硬度标尺是 HRA、HRB、HRC 三种。其中 HRC 标尺应用最为广泛。

HRA:是采用 60 kg 载荷钻石锥压入器求得的硬度,用于硬度极高的材料(如硬质合金等)。

HRB:是采用 100 kg 载荷和直径 1.58 mm 淬硬的钢球,求得的硬度,用于硬度较低的材料(如退火钢、铸铁等)。

HRC:是采用 150 kg 载荷和钻石锥压入器求得的硬度,用于硬度很高的材料(如淬火钢等)。

(3) 维氏硬度(HV)。以 120 kg 以内的载荷和顶角为 136°的金刚石方形锥压入器压入材料表面,用材料压痕凹坑的表面积除以载荷值,即为维氏硬度值(HV)。

硬度试验是机械性能试验中最简单易行的一种试验方法。为了能用硬度试验代替某些机械性能试验,生产上需要一个比较准确的硬度和强度的换算关系。实践证明,金属材料的各种硬度值之间,硬度值与强度值之间具有近似的相应关系。因为硬度值是由起始塑性变形抗力和继续塑性变形抗力决定的,材料的强度越高,塑性变形抗力越高,硬度值也就越高。

五、材料在现实应用中的具体性能

金属材料的性能决定着材料的适用范围及应用的合理性。金属材料的性能主要分为四个方面,即:机械性能、化学性能、物理性能、工艺性能。

1. 机械性能

金属在一定温度条件下承受外力(载荷)作用时,抵抗变形和断裂的能力称为金属材料的机械性能(也称为力学性能)。金属材料承受的载荷有多种形式,它可以是静态载荷,也可以是动态载荷,包括单独或同时承受的拉伸应力、压应力、弯曲应力、剪切应力、扭转应力,以及摩擦、振动、冲击等,因此衡量金属材料机械性能的指标主要有以下几项:

(1)强度。这是表征材料在外力作用下抵抗变形和破坏的最大能力,可分为抗拉强度极限(σ_t)、抗弯强度极限(σ_s)、抗压强度极限(σ_c)等。由于金属材料在外力作用下从变形到破坏有一定的规律可循,因而通常采用拉伸试验进行测定,即把金属材料制成一定规格的试样,在拉伸试验机上进行拉伸,直至试样断裂,测定的强度指标主要有:

强度极限 材料在外力作用下能抵抗断裂的最大应力,一般指拉力作用下的抗拉强度极限,以 σ_b 表示。

屈服强度极限 金属材料试样承受的外力超过材料的弹性极限时,虽然应力不再增加,但是试样仍发生明显的塑性变形,这种现象称为屈服,即材料承受外力到一定程度时,其变形不再与外力成正比而产生明显的塑性变形。产生屈服时的应力称为屈服强度极限,用 σ_s 表示,相应于拉伸试验曲线图中的 S 点称为屈服点。对于塑性高的材料,在拉伸曲线上会出现明显的屈服点,而对于低塑性材料则没有明显的屈服点,从而难以根据屈服点的外力求出屈服极限。因此,在拉伸试验方法中,通常规定试样上的标距长度产生 0.2% 塑性变形时的应力作为条件屈服极限,用 $\sigma_{0.2}$ 表示。屈服极限指标可用于要求零件在工作中不产生明显塑性变形的设计依据。但是对于一些重要零件还考虑要求屈强比(即 σ_s/σ_b)要小,以提高其安全可靠性,不过此时材料的利用率也较低了。

弹性极限 材料在外力作用下将产生变形,但是去除外力后仍能恢复原状的能力称为弹性。金属材料能保持弹性变形的最大应力即为弹性极限,相应于拉伸试验曲线图中的 e 点,以 σ_e 表示,单位为兆帕(MPa):

$$\sigma_e = P_e / F_o$$

式中 P_e 为保持弹性时的最大外力（或者说材料最大弹性变形时的载荷）。

弹性模数　这是材料在弹性极限范围内的应力 σ 与应变 δ（与应力相对应的单位变形量）之比，用 E 表示，单位兆帕（MPa）：

$$E = \sigma / \delta = \mathrm{tg}\ \alpha$$

式中 α 为拉伸试验曲线上 $o\text{-}e$ 线与水平轴 $o\text{-}x$ 的夹角。弹性模数是反映金属材料刚性的指标（金属材料受力时抵抗弹性变形的能力称为刚性）。

（2）塑性。（见本章第 43 页）。

（3）硬度。（见本章第 44 页）。

（4）韧性。金属材料在冲击载荷作用下抵抗破坏的能力称为韧性。通常采用冲击试验，即用一定尺寸和形状的金属试样在规定类型的冲击试验机上承受冲击载荷而折断时，断口上单位横截面积上所消耗的冲击功表征材料的韧性：

$$\alpha_k = A_k / F \text{ 单位 } \mathrm{J/cm^2} \text{ 或 } \mathrm{kg \cdot m/cm^2}, 1\ \mathrm{kg \cdot m/cm^2} = 9.8\ \mathrm{J/cm^2}$$

式中 α_k 称作金属材料的冲击韧性，A_k 为冲击功，F 为断口的原始截面积。

（5）疲劳强度极限。金属材料在长期的反复应力作用或交变应力作用下（应力一般均小于屈服极限强度 σ_s），未经显著变形就发生断裂的现象称为疲劳破坏或疲劳断裂，这是由于多种原因使得零件表面的局部造成大于 σ_s 甚至大于 σ_b 的应力（应力集中），使该局部发生塑性变形或微裂纹，随着反复交变应力作用次数的增加，使裂纹逐渐扩展加深（裂纹尖端处应力集中）导致该局部处承受应力的实际截面积减小，直至局部应力大于 σ_b 而产生断裂。在实际应用中，一般把试样在重复或交变应力（拉应力、压应力、弯曲或扭转应力等）作用下，在规定的周期数内（一般对钢取 $10^6 \sim 10^7$ 次，对有色金属取 10^8 次）不发生断裂所能承受的最大应力作为疲劳强度极限，用 σ_{-1} 表示，单位 MPa。

除了上述五种最常用的力学性能指标外，对一些要求特别严格的材料，例如航空航天以及核工业、电厂等使用的金属材料，还会要求下述一些力学性能指标：

蠕变极限：在一定温度和恒定拉伸载荷下，材料随时间缓慢产生塑性变形的现象称为蠕变。通常采用高温拉伸蠕变试验，即在恒定温度和恒定拉伸载荷下，试样在规定时间内的蠕变伸长率（总伸长或残余伸长）或者在蠕变伸长速度相对恒定的阶段，蠕变速度不超过某规定值时的最大应力，作为蠕变极限，以

$\sigma_{t_{1/10^5}}$ 表示,单位 MPa。

高温拉伸持久强度极限:试样在恒定温度和恒定拉伸载荷作用下,达到规定的持续时间而不断裂的最大应力,以 σ 表示,单位 MPa。

金属缺口敏感性系数:以 K_t 表示,在持续时间相同(高温拉伸持久试验)时,有缺口的试样与无缺口的光滑试样的应力之比。

抗热性:在高温下材料对机械载荷的抗力。

2. 化学性能

金属与其他物质引起化学反应的特性称为金属的化学性能。在实际应用中主要考虑金属的抗蚀性、抗氧化性(又称作氧化抗力,这是特别指金属在高温时对氧化作用的抵抗能力或者说稳定性),以及不同金属之间、金属与非金属之间形成的化合物对机械性能的影响等等。在金属的化学性能中,特别是抗蚀性对金属的腐蚀疲劳损伤有着重大的意义。

3. 物理性能

金属的物理性能主要考虑:

(1)密度(比重)。$\rho = P/V$,单位 g/cm³ 或 t/m³,式中 P 为重量,V 为体积。在实际应用中,除了根据密度计算金属零件的重量外,很重要的一点是考虑金属的比强度(强度 σ_b 与密度 ρ 之比)来帮助选材,以及与无损检测相关的声学检测中的声阻抗(密度 ρ 与声速 C 的乘积)和射线检测中密度不同的物质对射线能量有不同的吸收能力等等。

(2)熔点。金属由固态转变成液态时的温度,对金属材料的熔炼、热加工有直接影响,并与材料的高温性能有很大关系。

(3)热膨胀性随着温度变化,材料的体积也发生变化(膨胀或收缩)的现象称为热膨胀,多用线膨胀系数衡量,亦即温度变化 1℃时,材料长度的增减量与其 0℃时的长度之比。热膨胀性与材料的比热有关。在实际应用中还要考虑比容(材料受温度等外界影响时,单位重量的材料其容积的增减,即容积与质量之比),特别是对于在高温环境下工作,或者在冷、热交替环境中工作的金属零件,必须考虑其膨胀性能的影响。

(4)磁性能吸引铁磁性物体的性质即为磁性,它反映在导磁率、磁滞损耗、剩余磁感应强度、矫顽磁力等参数上,从而可以把金属材料分成顺磁与逆磁、软磁与硬磁材料。

(5)电学性能主要考虑其电导率,在电磁无损检测中对其电阻率和涡流损耗等都有影响。

4. 工艺性能

金属对各种加工工艺方法所表现出来的适应性称为工艺性能，主要有以下四个方面：

（1）切削加工性能。反映用切削工具（例如车削、铣削、刨削、磨削等）对金属材料进行切削加工的难易程度。

（2）可锻性。反映金属材料在压力加工过程中成型的难易程度，例如将材料加热到一定温度时其塑性的高低（表现为塑性变形抗力的大小），允许热压力加工的温度范围大小，热胀冷缩特性以及与显微组织、机械性能有关的临界变形的界限、热变形时金属的流动性、导热性能等。

（3）可铸性。反映金属材料熔化浇铸成为铸件的难易程度，表现为熔化状态时的流动性、吸气性、氧化性、熔点，铸件显微组织的均匀性、致密性，以及冷缩率等。

（4）可焊性。反映金属材料在局部快速加热，使结合部位迅速熔化或半熔化（需加压），从而使结合部位牢固地结合在一起而成为整体的难易程度，表现为熔点、熔化时的吸气性、氧化性、导热性、热胀冷缩特性、塑性以及与接缝部位和附近用材显微组织的相关性、对机械性能的影响等。

六、材料的表示方法

按照国家标准《钢铁产品牌号表示方法》规定，我国钢铁产品牌号采用汉语拼音字母、化学符号和阿拉伯数字相结合的表示方法，即：

（1）牌号中化学元素采用国际化学元素表示。

（2）产品名称、用途、特性和工艺方法等，通常采用代表该产品汉字的汉语拼音的缩写字母表示。

（3）钢铁产品中的主要化学元素含量（％）采用阿拉伯数字表示。

合金结构钢的牌号按下列规则编制。数字表示含碳量的平均值。合金结构钢和弹簧钢用二位数字表示平均含碳量的万分之几，不锈耐酸钢和耐热钢含碳量用千分数表示。平均含碳量<0.1％（用"0"表示）；平均含碳量1.00％时，不标含碳量，否则用千分数表示。高速工具钢和滚珠轴承钢不标含碳量，滚珠轴承钢标注用途符号"C"。平均合金含量<1.5％者，在牌号中只标出元素符号，不注其含量。

七、进口金属材料

中国规定的需要检验的进出口金属材料类商品主要有生铁、钢锭、钢坯、型材、线材、金属制品、有色金属及其制品等。进出口钢材的品质、规格一般在合同中订明,进口钢材中采用日本 Xiff' 标准 JlsG 系列和德国工业标准 DIN 系列的进出口钢材,一般按中国标准检验;关于进口镀锌铁皮、马口铁、硅钢片的外观缺陷的检验按国家商检局的有关规定执行。国外的发票、装箱清单、品质证书、重量明细单、残损证明、商务记录是有关重量、质量、数量、残损等检验鉴定的重要依据。金属材料类商品一般是由国家商检局或由其他商检机构实施检验。对于大批量的进口金属材料,可在出厂前在国外制造厂进行检验;对于进口金属材料批量很大的专业单位,其本身检验设备齐全,技术力量较强的,经商检机构 审核同意后,允许对其所进口的钢材在向商检机构申报后进行质量的初验;出口金属材料时,必须进行出厂检验,商检机构在生产过程中或出厂前还进行不定期的抽查检验,并以衡器抽验重量,核对批次、唛头、标记等。金属材料以数量计价的做数量检验,接重量计价的则做重量检验。钢材的尺寸规格检验,包括钢板的厚、宽、长;圆钢的直径;角钢的边长;槽钢的高度和槽宽;钢管的直径和壁厚等。镀锌铁皮、马口铁的表面不得有伤痕、凹坑、皱纹、露铁等。金属材料的机械及工艺性能检验,包括合金钢热处理后的机械性能检验;锅炉管和石油管的水压试验、扩口试验等。金属材料的化学成分分析试验,根据不同的用途,按标准规定以化学分析和仪器分析的方法,分析测定各种元素的含量,包括非金属元素和有害元素。

第二章 车削加工

第一节 车削加工概述

一、车削的基本功能

车削加工是机械加工中最基本、最常用的基本的方法。通常在机械加工车间里车床占机床总数的 30% 左右,所以它在机械加工中居有重要的地位。

车削是车床上利用工件旋转作为主运动,车刀作进给运动的切削加工方法。它是适用加工零件的旋转表面,其车削加工的精密度可达 IT8～IT7,表面粗糙度值可达 $Ra6.3\sim6.8$。

车削运动有工件的旋转和车刀的水平移动所组成,工件的旋转运动称为主运动,刀具的水平进给运动(纵向进给或横向进给)称为辅助运动或走刀运动,这两种运动相互配合进行切削加工。工厂里一般常见的普通卧式车床如 C6140,C6136,C6132 等是应用最广泛的一类车床,其特点是万能性好,适用于小批量生产,其基本工作内容有车刀外圆、车端面、切断和切槽车内圆锥面特行面,各种内外螺纹等,此外还可在车床上钻中心孔、钻孔、镗孔、滚花、绕弹簧等,车床加工范围如图 2-1 所示。

车削用量是衡量切削运动大小的参数。它包括切削深度,进给量和切削速度,通常称为车削用量的三要素,如图 2-2 所示。在生产实践中充分合理的选择车削用量能有效地提高加工质量和生产速度。

二、车削加工操作安全

(1) 工作时穿好工作服。女同志要戴工作帽,辫子一定要塞入帽内,防止衣

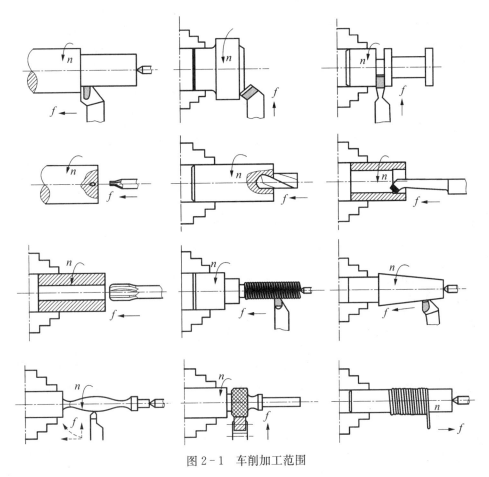

图 2-1 车削加工范围

角或头发被车床转动部分卷入。

（2）不允许穿拖鞋、凉鞋或高跟鞋实习。

（3）工作时不要离工件太近，以免铁屑溅入眼内，必要时需戴防护眼镜。

（4）车床开动或未停稳时不准用手摸工件或测量工件尺寸，车床未停稳不准用手去制止旋转的卡盘。

（5）不准用手去清除铁屑，应用铁钩或刷子。

（6）开车前要把工件和刀具夹紧。夹紧工件后要拿下扳手，以防卡盘转动时扳手飞出伤人。

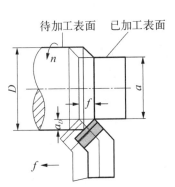

图 2-2 切削用量三要素

（7）不准戴手套操作。

（8）工作时精神要集中，不准在车床运转时离开车床或做其他工作。离开车床必须停车。

（9）发现车床有异常响声和故障应立即停车，请有关人员解决，不要随意拆卸。

（10）车床在运转时不准调速。

（11）工作完毕要将机床打扫干净，各导轨上要加润滑油。

第二节　车　床

车床的种类很多，但最常用的是普通车床（卧式车床）。机床型号是机床产品的代号，由汉语拼音和阿拉伯数字组成，用来表示机床的名称，使用特点和主要技术参数。

一、卧式车床的型号

我国 1994 年 5 月颁布了新的国家标准 GB15375—94《金属切削机床型号编制办法》规定，机床的型号由大写的汉语拼音字母和阿拉伯数字组成。

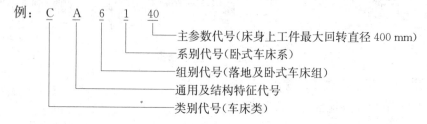

例：　C　A　6　1　40
主参数代号（床身上工件最大回转直径 400 mm）
系别代号（卧式车床系）
组别代号（落地及卧式车床组）
通用及结构特征代号
类别代号（车床类）

1. 类别代号

表 2-1　机床分类和类别代号

类别	车床	钻床	镗床	磨　床			齿轮加工机床	螺纹加工机床	铣床	刨插床	拉床	特种加工机床	锯床	其他机床
代号	C	Z	T	M	2M	3M	Y	S	X	B	L	D	G	Q
读音	车	钻	镗	磨	二磨	三磨	牙	丝	铣	刨	拉	特	锯	其

2. 通用及结构特征代号

表2-2　机床通用特征代号

通用特征	高精度	精密	自动	半自动	数控	加工中心（自动换刀）	仿型	轻型	加重型	简式	万能	柔性加工	数显	高速
代号	G	M	Z	B	K	H	F	Q	C	J	W	R	X	S
读音	高	密	自	半	控	换	仿	轻	重	简	万	柔	显	速

3. 组别列代号

表2-3　车床组别

0	仪表车床	5	立式车床
1	单轴自动车床	6	落地及卧式车床
2	多轴自动车床	7	仿形及多刀车床
3	四轮转塔车床	8	转、轴、辊、锭及铲齿车床
4	曲轴及凸轮轴车床	9	其他车床

4. 主参数代号

车床的主参数表示床身上工件的最大回转直径，其数值等于主参数代号除以折算系数（车床的折算系数为0.1）。普通车床常见的主参数规格分别为250 mm，320 mm，400 mm，500 mm，630 mm，800 mm，1 000 mm，1 250 mm。

5. 车床的种类

车床的种类很多，主要有：卧式车床，转塔车床，立式车床，自动及非自动车床，仪表车床，数控车床等。

卧式车床是车床类中应用最广泛的一种车床，其特点是万能性好，适用于车件小批量生产。

现以在金工实习教学中用得比较多的C6132型单床为例介绍它的组成部分，如图2-3所示。

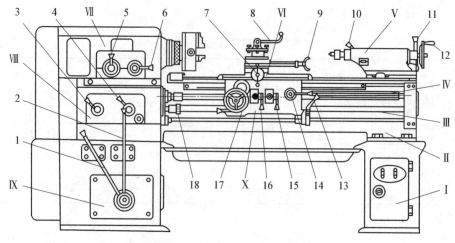

图 2-3 C6132 车床的组成部分

Ⅰ-床腿；Ⅱ-床身；Ⅲ-光杠；Ⅳ-丝杠；Ⅴ-尾座；Ⅵ-刀架；Ⅶ-主轴箱；Ⅷ-进给箱；Ⅸ-变速箱；Ⅹ-溜板箱
1,2,6-主运动变速手柄；3,4-进给运动变速手柄；5-刀架左右移动的换向手柄；
7-刀架横向手动手柄；8-方刀架锁手柄；9-小拖板移动手柄；10-尾座套筒锁紧手柄；
11-尾座锁紧手柄；12-尾座套筒移动手轮；13-主轴正反转及停止手柄；14-"开始螺母"开合手柄；
15-刀架横向自动手柄；16-刀架纵向手柄；17-刀架纵向手动手轮；18-光杠，丝杠更换使用的离合器

二、其他车床

车床类机床可分为 0～9 的 10 个组别。卧式车床只是第 6 组中的一个系。除卧式车床外，还有其他不同组别的车床，使用较普遍的有以下几种：

1. 转塔车床(六角车床)

用于中小型复杂零件的批量生产，其结构特点是没有尾架，但有一个能旋转的六角刀架，刀架安装在溜板上，随着溜板做纵向移动。旋转的六角刀架又称转塔，可绕自身的轴线回转，有六个方位，上面可安装 6 组不同的刀具。此外，它还有一组和普通车床相似的四方刀架，有的还是一前一后，两种刀架可配合使用，可安装较多的刀具，以便在一次安装夹中完成较复杂零件各个表面的加工。

2. 自动和半自动车床

大批量生产时产品单一，多使用自动和半自动车床。自动和半自动车床主要区别是工件的装卸，前者主要靠人工定时给机床加料，后者工件的装卸需要人工操作。自动车床主要以棒料为胚料，可分为单轴和多轴，所有操作都凸轮控制。

3. 立式车床

立式车床的主轴是直立的，主要用来车直径大而短的大型轮盘类零件。

第三节　车刀及其安装

一、车刀

1. 刀具材料

（1）刀具材料的基本要求。刀具在切削工件时，车刀切削部分总是在高温、高压的条件下进行工作的，磨损是很快的，因此要求它必须满足如下几个基本要求：

硬度要高。刀具切削部分的材料硬度应高于被加工工件材料的硬度。常温下一般要在 HRC60 以上，否则刀具就无法从工件上切下金属。

耐磨性好。刀具切削部分的材料要有良好的抵抗磨损的能力。一般情况下，硬度越高其耐磨性就越好。

足够的强度和韧性。刀具材料要能够承受切削时产生的切削力和冲击力的作用。一般用刀具材料的抗弯强度用冲击韧性来表示。

良好的耐磨性，又称红硬性。它指刀具材料在较高的温度下仍能保持其高硬度，耐磨性和较高强度的综合性能。耐热性是刀具材料应具备的主要性能。

良好的工艺与经济性，便于制造、热处理和焊接，价格低廉等。

（2）刀具切削部分的材料：

高速钢。又称白钢或锋钢。锋钢是一种含钨、铬、钒较多的合金工具钢，它能在较高的速度下工作，具有较高的强度，韧性和耐磨性，可以耐 $500\sim600\,℃$ 的高温，常温下硬度可达 HRC62—70，热处理变形小，制造简单，刃磨方便，刀刃容易磨得锋利。常用来加工一些冲击力较大，形状不规则的工件以及用来作为精加工刀具，螺纹车刀和成形刀具等。因此，目前已成为主要的刀具材料之一。常用的高速钢钢牌号有 W18Gr4V 和 W6M05Cr4V2。

硬质合金。硬质合金是由碳化钨（WC）、碳化钛（TiC）等碳化物和钴（Co）用粉末冶金方法制成的。硬质合金具有高硬度（HRA87—93，相当于 HRC70—75），耐高温（红硬性为 $850\sim1\,000\,℃$），耐磨损、耐腐蚀等性能。因此，它们的切削速度可比高速钢高 $4\sim10$ 倍。

在工业生产中，成为金属加工、矿山开采、石油钻探、国防工业等不可缺少的重要工具、量具、刀具和模具材料。但它的缺点是抗弯强度低，性脆，特别怕振动和冲击。

常用的硬质合金有三大类：

一类是由 WC 和 Co 组成的 K 类钨钴类硬质合金，代号是 YG。

二类是由 WC、TiC 和 Co 组成的 P 类钨钴钛类硬质合金，代号是 YT。

三类是由 WC、TiC、TaC 或 NbC 和 Co 组成的 M 类钨、钛、钽等类硬质合金，代号是 YW。

2. 车刀的种类组成及切削部分的形状

常用车刀分类，车刀类型很多，按其结构可分为（如图 2-4 所示）：

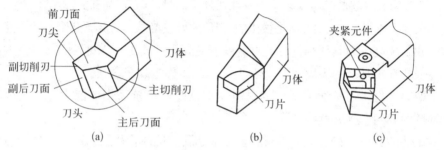

图 2-4　车刀的结构形式

（1）整体式车刀：如常用的高速钢车刀。

（2）焊接式车刀：如常用的硬质合金车刀。

（3）机械夹固定车刀：又称可传位车刀。

由于车削工件和加工表面不同，车刀又可分为尖头外圆车刀、左右偏刀、弯头外圆车刀、切断刀、镗刀、螺纹车刀、成型车刀等，如图 2-5 所示。

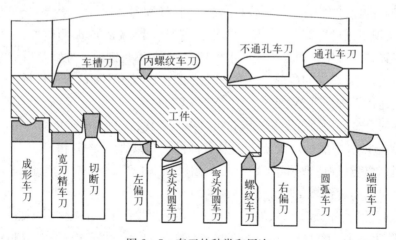

图 2-5　车刀的种类和用途

3. 车刀的组成及主要角度

车刀由刀头(切削部分)和刀体(夹持部分)所组成。刀头用来切削,故又称切削部分。刀体是用来将车刀夹固在刀架上的部分。车刀的切削部分一般由三个表面和三个刀刃组成,分述如下:

前刀面:刀具上切屑流过的表面。

主后刀面:切削时,刀具上与加工表面相对的表面。

副后刀面:切削时,刀具与工件已加工表面相对的表面。

主切削刃:前刀面与主后刀面的交线。主刀刃担负主要切削工作。

副切削刀:前刀面与副后刀面的交线。副刀刃也参加切削工作。

刀尖:主切削刃与副切削刃的交点。相交部分也可是一小段过度圆弧,也可做成一小段直线过度刃。

4. 车刀的几何角度

为了确定和测量车刀的几何角度,需要设想以下三个辅助平面作为基准。

如图 2-6 所示辅助平面车刀切削部分共有六个基本角度,如图 2-7 所示车刀静止状态的几个角度。

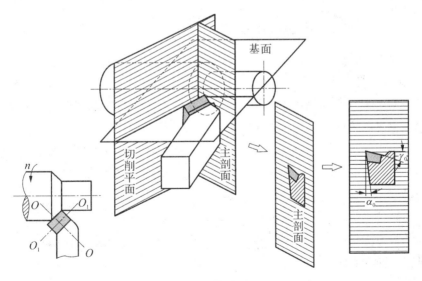

图 2-6 辅助平面

前角 γ_0——在主剖面中度量,它是前刀面和基面之间的夹角。前角的作用是使用车刀刃口锋利,减少切削变形,切削时省力,并使切屑容易排出。

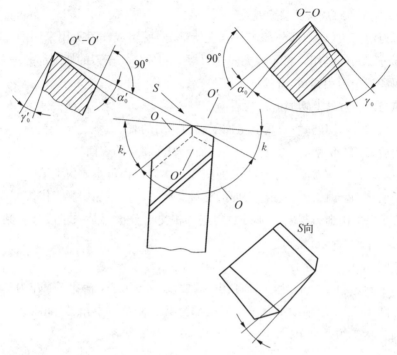

图 2-7 车刀静止状态的几何角

后角 α_0——在主剖面中度量,它是主后刀面和切削平面之间的夹角。如在副剖面中度量,即为副后角 α_0'。它们的主要作用是减少车刀后面与工件之间的摩擦,减少刀具磨损。

主偏角 λ_γ——在基面中度量,是主刀刃在基面上的投影与走刀方向之间的夹角。它可以改变主刀刃与刀头的受力和散热情况。

副偏角 χ_γ——在基面中度量,是副刀刃在基面上的投影与背离走刀方向之间的夹角。它的作用是减小副刀刃与工件加工表面之间的摩擦,降低加工表面的粗糙度。

刃倾角 λ_s——在切削平面中度量,是主刀刃和基面之间的夹角,又叫主刀刃斜角。当刀尖切削刃上最低一点时,刃倾角为正值。它的主要作用是控制切屑的排出方向和影响刀头的强度。

二、车刀的刃磨

车刀的刃磨有机械刃磨和手工刃磨两种,机械刃磨效率高、质量好、操作方便,为一般有条件工厂所应用。手工刃磨灵活性大,对设备要求低,工厂中仍普遍采用。

1. 砂轮的选择

常用的磨刀砂轮有两种：一种是氧化铝砂轮；另一种是绿色碳化硅砂轮。刃磨时必须根据刀具材料选择砂轮。氧化铝砂轮韧性好，比较锋利，但磨粒硬度稍低，所以用来刃磨高速钢车刀和硬质合金车刀的刀杆部分。绿色碳化硅砂轮的磨粒硬度高，切削性能好，但较脆，所以用来刃磨硬质合金车刀。一般粗磨时用粒度小（颗粒粗）的砂轮，精磨时用粒度大（颗粒细）的砂轮。

2. 磨刀步骤

（1）先磨主后刀面，把主偏角和主后角磨好。对于硬质合金车刀，先在氧化铝砂轮上磨出刀杆上的后角，再在绿色碳化硅砂轮上磨出刀片上的后角。

（2）磨副后角，把副偏角和副后角磨好。

（3）磨前刀面，把前角磨好。

（4）磨刀尖圆弧。

（5）研磨。研磨时用油石加些机油，然后在刀刃附近的前面和后面，以及刀尖处贴平进行研磨，直至车刀表面光洁，看不出痕迹为止。这样不但可使刀刃锋利，并能增加刀具耐用度。车刀用钝后，也可用油石修磨。

3. 刃磨车刀时的注意事项

（1）握刀姿势要正确，刀杆要握稳，不能抖动。粗磨压力可稍大些，精磨压力应小些。

（2）磨高速钢刀具时，要经常冷却，不能让刀头过热，以防刀刃退火。

（3）磨硬质合金刀具时，不要进行冷却，否则因急冷会使刀片碎裂。

（4）刃磨时，砂轮旋转方向必须由刃口向刀体方向转动，以免造成刀刃出现锯齿形缺陷。

（5）刃磨时，应将车刀左右移动，不能固定在砂轮的一处，而使砂轮表面出现凹槽。

4. 刃磨车刀时的安全知识

（1）磨刀时不能用力过猛，以免由于打滑而磨伤手。

（2）磨刀时，操作者要站在砂轮的侧面。这样可防止磨粒飞入眼内或万一砂轮碎裂飞出伤人。磨刀时最好要戴防护镜。

（3）砂轮必须装有防护罩。

（4）磨刀用的砂轮，不准磨其他物件。

（5）砂轮托架与砂轮之间的间隙不能太大（一般为 1～2 mm），否则容易使车刀嵌入而打碎砂轮发生危险。

三、车刀的安装

车刀使用时必须正确安装。其基本要求有以下几点（见图 2-8）：

正确　　　　　不正确　　　　　不正确

图 2-8　车刀的安装

（1）车刀不能伸出刀架太长。否则，切削时刀杆刚性减弱，容易产生振动，使车出来的工件表面不光洁，甚至会使车刀损坏。车出伸长的长度，一般以不超过刀杆厚度的 1～1.5 倍为宜。车刀下面的垫片要平整洁净，垫片应与刀架对齐，而且垫片的数量应尽量少些，以防止产生振动。

（2）车刀的刀尖应对准工件中心。刀尖高于工件中心，会使车刀的实际后角减小，车刀后面与工件之间的摩擦增大；刀尖低于工件中心，会使车刀的实际前角减小，切削不顺利。要使车刀迅速对准工件中心，可用下列方法：

① 根据尾座顶尖的高度把车刀装准；

② 根据车床的主轴中心高，用钢尺测量装刀；

③ 把车刀靠近工件端面，目测车刀刀尖的高低，然后紧固车刀，先用刀尖在工件端面上划一个小圆圈，观察刀尖高低便于调整垫片。最后在小圆圈处进刀试切端面，看刀尖是否与工件等高；

④ 用卡尺直接卡刀具与垫片的厚度但事先必须知道刀架装刀的基面至主轴中心的高度；

⑤ 紧固刀架螺丝拧力要适当，不允许附加套管拧，一般只需紧固两个螺丝即可，紧固时应轮换逐个拧紧。为了使刀架螺丝压力均匀，不损坏刀具，最好在刀杆上平面上放一块适当厚度的垫片，然后再拧。

第四节 车 外 圆

将工件夹在车床上做旋转运动,车刀夹在刀架上作纵向进刀,就可以车出外圆柱面。它是车工最基本的操作之一。

一、外圆车刀

车外圆时,一般要分粗车和精车两步进行,粗车的目的是切去毛坯硬皮和大部分加工余量,改变不规则的毛坯形状。精车的目的是达到零件的精度和表面粗糙度要求。

1. 外圆粗车刀

此类车刀应能适应粗加工时切削深度大,进给量大的特点,要求车刀有足够的强度,一次能车去较多的余量。

常用的外圆粗车刀有 45°弯头刀,75°弯头刀和 90°偏刀等几种,如图 2-9 所示。

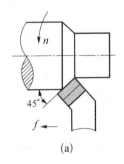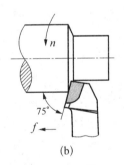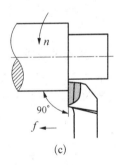

图 2-9 外圆粗车刀

(a) 45°弯头刀;(b) 75°弯头刀;(c) 90°偏刀

用弯刀车外圆,则多用于车外圆和端面,倒角以及 45°斜角等,此外也常用于偏刀车外圆,主要为 90°的偏刀,可以车削有垂直台阶的外圆表面或用于车削细长工件的外圆。粗车时因加工余量较多,所以在机床动力,工件和机床刚性允许下,尽可能的选用较大切削深度(一般 2~6 mm)以求尽快地车去多余部分。对于铸件和铸锻件因其表面一般都不平整,加上付有硬度很高的型砂和氧化皮,极容易使车刀很快磨损。所以最好先倒一角,然后选择较大的切削深度,将冷硬表层一刀车去。这样就能减少对刀具的冲击，避免了和高硬度的表层接触，从而减少了刀具的磨损。粗车时由于对工件表面的粗糙要求不高，所以在刀具，工件允许的情况下，进给量也尽可能选大一些，这样可以缩短走刀时间，提高生产率。一般选 0.3～1.5 mm/r。切削速度的大小是根据刀具的材料，工件的材料，进给量和切削深度，车床的动力和刚性等诸多因素来决定的，并不是速度越快越好。在实际生产中一般地来说无论是粗车还是精车，对于高速钢车刀，如果切削下来的切屑呈白色或黄色的，那么所选的切削速度大体上是合格的，如切屑是蓝色的，那车刀很快就会被磨损。对于硬质合金车刀而言，切屑是蓝色的，表明速度是合适的，如车削时发现火花，说明切削速度过高，如呈白色，那么切削速度还可以再提高。

2. 外圆精车刀

因为精车外圆时切去工件表面较少的加工余量，就是到图纸上规定的尺寸精度和表面粗糙度，所以要求车刀锋利，刀刃平直光洁。精车时切削深度应小些，一般选 0.2～0.5 mm。这样可以使切屑变形容易，减小切削力，有利于提高工件的表面光洁度和尺寸精度。精车时，应考虑工件表面粗糙度，所以进给量也要相应地选小一些，一般选 0.06～0.3 mm/r。车削速度一般来讲要比粗车时的速度快一些。

二、工件的安装

1. 在三爪卡盘上装夹工件

三爪卡盘构造如图 2-10 所示，使用时，用扳手插入小伞齿轮 2 的方孔 1 中，转动扳手，小伞齿轮 2 转动，与其相嵌合的三个卡爪 5 就同时作向心或离心的移动，从而把工件夹紧或松开。因此最适合装夹较规则的圆柱形工件。

因三爪卡盘能自动定心，故一般装夹工件不需校正，但是在装夹较长的工件时，则需用划针盘或凭眼力校正工件。

2. 在四爪卡盘上装夹工件

四爪卡盘的四个卡爪的径向位移是由四个螺杆单独调节的。由于四个卡爪单独调节不能自动定心，在装夹工件时就必须找正。找正的方法有好多种，可用划线盘根据工件的内外圆锥找正，也可按预先画出的加工界线用划线盘找正，或用百分表找正。

四爪卡盘更适宜于装夹形状不规则工件或较大的工件，因其夹紧力大所以夹紧更可靠。

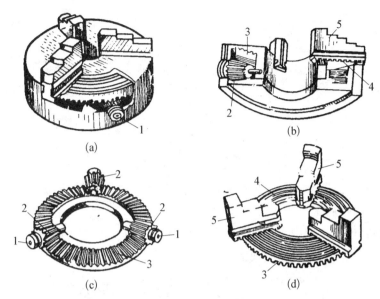

(a)

(b)

(c)

(d)

图 2-10　三爪卡盘构造

3. 用顶尖夹紧工件

如图 2-11 所示,为工件安装在前后顶尖之间,前顶尖为死顶尖,装在主轴锥孔内,同主轴一起转动,后顶尖为活顶尖,装在尾座套筒内。有些工件虽不需要多次装夹,但为了增加工件的刚性,也可一端用卡盘夹紧而另一端钻出中心孔用顶尖支承进行加工,如图 2-12 所示。用这种方法车削较重的轴类件,比较安全,且能承受较大的轴向力,因此被广泛应用。

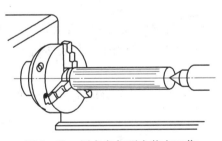

图 2-11　用卡盘与顶尖装夹工作

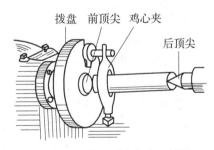

图 2-12　用双顶尖装夹工件图

(1) 中心孔。中心孔有 A 型(不带护锥),B 型(带护锥),C 型(带螺纹),R 型(弧型)四种如图 2-13 所示的常用的为 A、B 型。A 型中心空不带保护锥,结构简单,常用在不需要多次装夹加工的工件上。

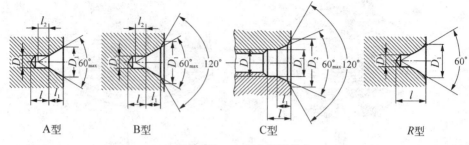

A型　　　　　B型　　　　　　　C型　　　　　　R型

图 2-13　中心孔的形状

B 型中心孔带有 120°保护锥孔,定位锥面不易碰坏,可保证加工精度,常用在精度要求较高,工序较多的工件上。

中心孔通常是用中心钻在车床上如图 2-14 或专用机床上钻出来的,常用的中心钻是用高速钢材料制成的。

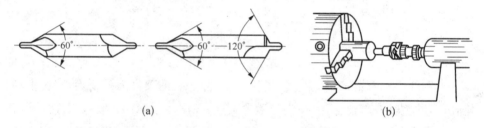

(a)　　　　　　　　　　　　　　　　　　(b)

图 2-14　中心钻及钻中心孔

(a) 中心钻;(b) 在车床上钻中心

(2) 顶尖。顶尖的作用是定中心,承受工件的重量和切削力。顶尖有前后顶尖两种:

前顶尖:插在主轴锥孔内跟主轴一起旋转的叫前顶尖。装夹前顶尖时,应将锥柄和锥孔擦干净;拆卸前顶尖时,可用一根棒料从车床主轴孔后端插入并轻击数下即可。

后顶尖:插入车床尾座套内的顶尖叫后顶尖。它又分为固定顶尖和回旋顶尖两种。

固定顶尖定心准确且刚度好,但摩擦发热较大,易将中心孔或顶尖"烧坏",故只用于加工精度要求较高的工件及低速切削。

回旋顶尖在很高的转速下正常工作,其应用广泛,但它存在一定的装配累计误差,且当滚动轴承磨损后,顶尖将产生径向跳动,从而降低加工精度。回旋顶尖多用于高速车削及精度要求不很高的工件。安装前、后顶尖时,必须把锥柄和锥孔擦干净,以提高定心精度。

4. 拨盘和鸡心夹头

仅有前后顶尖是不能带动工件转动,它必须通过拨盘和鸡心夹头(或平行夹板)带动工件旋转。拨盘后端有内螺纹与主轴配合。盘面有两种形状,一种是有 U 形槽的,另一种是带一拨杆的。前者用来拨动弯尾鸡心夹头(或平行夹板),后者用来拨动直尾鸡心夹头(见图 2-15),为了安全起见,目前也有采用安全拨盘的,它可以防止鸡心夹头打在手上。

直尾　　　弯尾

图 2-15　鸡心夹头

生产中,也有用三爪卡盘代替拨盘的如图 2-16 所示:

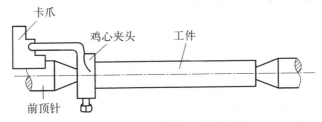

卡爪　　　鸡心夹头　　　工件

前顶针

图 2-16　用三爪卡盘代替拨盘

5. 使用顶尖装夹工件时应注意的事项

(1)在使用顶尖安装工件之前,要校正尾座顶尖,使其与前顶尖在同一轴线上,否则车出来的工件不是圆柱体,而是圆锥体。

(2)在不影响车刀切削的前提下,尾座套筒应尽量伸出短些,以增强尾座的刚性,减少切削时的振动。

(3)如果用固定顶尖,应在尾座顶尖的中心孔内加些工业润滑脂,以减少摩擦发热。

(4)两顶尖与工件中心孔之间的配合松紧要适宜,不能太松或太紧。太松则工件不能正确定心,并且在车削时易产生松动,使工件有飞出的危险。太紧,在车削中细长工件会变形。对固定顶尖,则因摩擦增加,可能会烧坏顶尖或中心孔;对回转顶尖则因压力过大而损坏顶尖内部的结构。

三、外圆车削

外圆的车削步骤,如图 2-17 所示。不论粗车或精车,为了车到要求的尺

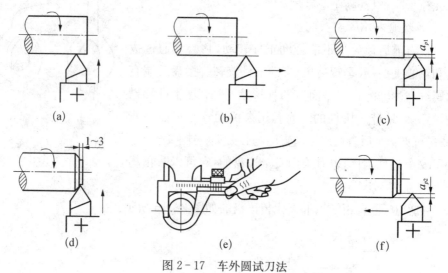

图 2-17 车外圆试刀法

(a) 开车对刀,使车刀和工件轻微接触;(b) 向右退出;(c) 按要求横向进给 a_{p1};
(d) 试切 1~3 mm;(e) 向后退出,停车,测量;(f) 调整背吃刀量至 a_{p2} 后,自动进给

寸,一般均采用试刀法,步骤如下:

(1) 测量毛坯尺寸,对加工余量做到心中有数,合理安装工件、车刀。调整好主轴转速、走刀、开动车床,使主轴转动。

(2) 找基准,即摇动大拖板、中拖板手柄,将刀尖与工件右端外圆表面轻轻接触,记住中拖上的刻度。

(3) 选择切削深度 a_p 即向右摇动大拖板手柄,使车刀离开工件,一般离开工件端面即可。在中拖板原有的基础上加工你所选定的切削深度 a_p(即使车刀作横向进刀)。

(4) 试刀法即纵向车削 1~3 mm。摇动大拖板手柄,向右退出车刀,停车测量工件直径(中拖板不要动),如符合要求,可继续进行车削,如不符合要求,就根据中拖板的刻度调整切削深度 a_{p2}。

(5) 当车削到所需长度时,应停止车刀,然后停车。注意,不能先停车后退刀,否则会造成车刀崩刀。

四、常见废品及其产生原因

车外圆时可能产生下面几种废品:

1. 毛坯车不到规定的尺寸

产生的原因主要是毛坯的加工余量不够;工件弯曲没有校直;工件装夹在卡盘上没有校正好外圆和端面;因中心孔的位置不正确。而造成用两顶尖或一夹一顶装夹工作时,没有足够的加工余量。

2. 尺寸精度达不到要求

如果大于图纸上所要求的尺寸,尚可返修;小于图纸要求尺寸就要报废。

产生的原因主要是操作者粗心大意,看错图纸或刻度盘使用不当。看错格数;在车削时盲目吃刀,没有进行试切削;量具本身有误差或测量方法不正确;由于切削热的影响,使工件尺寸发生变化,造成尺寸精度达不到要求。

3. 产生锥度

产生的主要原因有:用一夹一顶或两顶尖安装工件时,由于后顶尖中心线不在主轴的中心线上;用小拖板车外圆时产生锥度,是因小拖板位置不正,即小拖板的零线与中拖板上的刻度没有对准"零"线;用卡盘安装工件纵向走刀车削时,产生锥度是由于车床导轨与主轴中心线不平行或是由于工件悬伸较长,车削时径向力影响而产生锥度;刀具车削过程中逐渐磨钝,也会产生锥度。

4. 圆度超差

圆度超差的原因有:车床主轴轴承因磨损造成间隙过大;毛坯余量不均匀,在切削过程中切削深度发生变化,使车出的工件产生误差反映现象;工件在两顶尖之间装夹,后顶尖顶的不紧或是所使用的回转顶尖产生摆动;前顶尖因锥面配合不当,产生跳动。

5. 表面粗糙度达不到要求

产生的原因主要有:车床刚性不足,如拖板塞铁过松,传动零件(如皮带轮)不平衡或主轴太松引起振动;车刀刚性不足和安装不正确,如车刀伸出太长可引起振动;工件刚性不足也可引起振动;车到几何形状和角度不正确,例如选用过小的前角、主偏角和后角容易产生振动;切削用量选择不恰当,如走刀量过大,表面粗糙度就比较大。

第五节 车端面和台阶

机器上很多盘类零件都有较大的端面。各种传动轴也有很多台阶面。端面和台阶面一般都是用来支承其他零件的表面，以确定其他零件轴向位置的。所以端面和台阶面一般都必须垂直于零件的轴心线。

一、车端面和台面用的车刀

端面是零件轴向定位，测量的基准，车削加工中一般先将其车出。车削端面时常采用偏刀和弯刀车刀两种。

1. 偏刀及其使用

通常把主偏角等于 90°的车刀称为偏刀。偏刀又分为右偏刀和左偏刀两种。使用偏刀车削的优点是，可以车削带台阶的外圆和端面。又因主偏角较大，车削外圆时产生的径向切削力小，所以不易产生振动和顶弯工件。缺点是由于主偏角较大，刀尖小于 90°因而刀尖强度低，散热性差，易磨损。右偏刀通常用来车削工件的外圆、端面和台阶；左偏刀一般用来车削左边的台阶。

2. 弯头车刀及其使用

弯头车刀主偏角通常为 45°左右，也可分为左右两种。

弯头车刀车端面可采用较大的切削用量，切削顺利，表面光洁，大小平面可车削，它除了可车端面以外还可车外圆、倒角。

二、端面的车削

1. 工件的装夹

车端面时，对工件装夹卡盘上，必须校正它的平面和外圆，如果端面已经过粗加工时，要求校正。既在刀架上装一根铜棒（或硬木块），把工件在卡盘上轻轻夹紧，并旋转工件，将铜棒（或硬木块）轻轻支顶在工件端面的边缘处，这样就能很快地将工件端面校正，校正后再夹紧工件。这种方法一般用于装夹较小的薄形工件。

2. 车端面的方法

（1）用偏刀车削端面。一般情况下，车削端面时都使用右偏刀，用右偏刀车端面时，需将刀刃与工件偏斜 5 度左右，如图 2 - 18(a)所示，在通常情况下偏刀由外向中心走刀端面时，如切削深度过大，容易使车刀扎入工件表面而形成凹面，见图 2 - 18(b)。为解决这一矛盾，可从工件中心向外走刀。由于用主刀刃进行切削，切削力向外，所以车削出来的端面粗糙度小，又不易产生凹面，见图 2 - 18(c)。对于一些直径较大的端面也可用左偏刀车削，由于用主刀刃车削，所以切削顺利，车出的平面也较光洁，见图 2 - 18(d)。

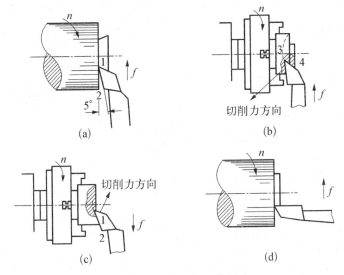

图 2-18 偏刀加工分析

(a) 右偏刀切削情况 (b) 由外向里走刀 (c) 由里向外走刀 (d) 左切削情况

（2）用 45°弯头车刀车削端面。45°弯头车刀是利用主刀刃进行切削的，所以切削顺利，工件表面也比较光洁，又由于 45°弯头车刀的强度较大，所以它即车削较大端面，又能倒角和车削外圆。

三、台阶的车削

台阶的车削实际上是车外圆和车端面的组合。

对于相邻两圆柱体直径的台阶，一般采用分层切削方法。左装刀时应使主刀刃与工件中心线成 90°或大于 90°，用几次走刀来完成台阶车削，在最后一次纵走刀完成后用手摇动拖板手柄，把车刀慢慢地均匀退出，使台阶与外圆垂直。

常用的控制台阶长度尺寸的方法有以下几种：

（1）刻线痕方法。为了控制台阶的位置，可先用内卡钳或钢尺量出台阶长度尺寸，再用车刀刀尖在台阶的位置处刻画出细线，然后再车削。

（2）挡铁定位方法。如果大批量生产或台阶较多，可用行程挡块来控制进给长度。

（3）大拖板刻度盘方法。车削台阶轴时还可以利用大拖板刻度盘上的刻度值来控制台阶长度。一般车床的大拖板刻度盘1格等于1 mm,车削的精度约为0.2～0.3 mm。台阶的外圆直径尺寸,可利用中拖板刻度来控制,其方法与车外圆时相同。

四、端面和台阶的测量

对端面的要求最主要的是平直、光洁。端面是否平直,最简单的方法是用钢尺来检查。对于要求精密的端面,要用刀口平尺作透光检查,其方法与用钢尺检查相同。

台阶长度尺寸可以用钢尺、内卡钳和深度游标卡尺或三用游标卡尺来测量。对于批量较大或精确的台阶工件可以用样板测量。

五、常见废品及其产生原因

1. 引起端面内凹或外凸

原因有:用右偏刀从外向中心走刀时,大拖板没固紧,从而使车刀扎入工件而产生凹面;车刀不锋利,小拖板太松或刀架没有压紧,车刀刀架没有压紧,车刀受切削力作用而"让刀",从而端面产生外凸;用后顶尖支承车削时,若顶尖偏离(或远离)操作者一边,车出的端面会产生内凹(或外凸);中拖板移动方向与工件旋转轴线不垂直时,端面会产生内凹或外凸。

2. 引起台阶不垂直

原因有:车削较低的台阶时,车刀装得歪斜;车削较高的台阶时,与车端面时产生内凹或外凸的原因一样;当卡盘卡爪的端面与主轴中心线不垂直或装夹时没有把工件上已加工过的平面找正,也会使台阶不垂直。

3. 引起台阶长度不正确

原因有:看错尺寸或测量不正确;没有及时停止自动走刀。

4. 毛坯表面没有全部车出

原因有:加工余量不够或工件在卡盘上没有校正外圆及端面。

第六节 切断与切槽

切断就是把毛坯料或工件从夹持端上分离下来的加工方法,车削中往往将较长的棒料按尺寸要求下料,或是把加工完毕的工件从坯料上切下来。

一、切断刀

1. 切断刀的几何形状

通常使用的切断刀都是以横向走刀为主的,削面的刀刃是主刀刃,两侧刀刃是副刀刃。为了减少工件材料的浪费和能切到工件的中心,因此切断刀的刀头呈窄而长。

(1)高速钢切断刀。高速钢切断刀的形状如图 2-19 所示。

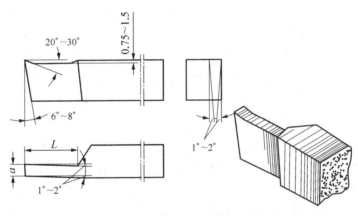

图 2-19　高速钢切断刀

切断时,为了使切出来的工件端面上没有小凸头以及车出来的带空工件没有毛刺,可以把主刀刃略微磨斜一些,如图 2-20 所示。

(2)弹性切断刀。为了节省高速钢,切断刀可以做成片状,再装夹在弹性刀杆内如图 2-21 所示。

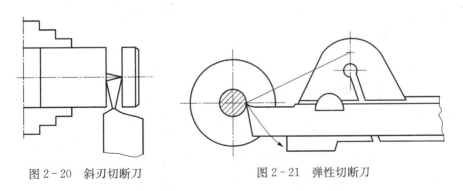

图 2-20　斜刃切断刀　　　　图 2-21　弹性切断刀

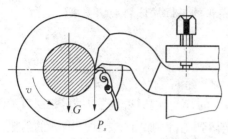

图 2-22　反切法和反切刀

（3）反切刀。切断直径较大的工件时,因刀头很长,刚性差,容易引起振动和刀头折断,此时可采用反车切法,即用反切刀。反切时使工件反转,如图 2-22 所示。

由于切削力 p_2 和工件重力方向一致,不容易引起振动,且排屑容易,铁屑不容易堵塞在工件槽中。在采用反切刀切断时,必须将主轴和卡盘连接部分的保险块固紧,防止卡盘因反车削从主轴上松脱造成事故。

2. 切断刀的刃磨

刃磨时先磨两副后刀面,获得对称的副偏角和主刀刃长度,刃磨时应使两侧后面平直、对称,并得到需要的刀头宽度。其次刃磨主后刀面,得到后角并保证主刀刃刃口平直。最后刃磨车刀前面的卷屑槽,并磨出小圆弧过渡刃。刃磨后,可用角尺或钢尺检查两副后角的大小和对称性。

3. 切断时应注意事项

（1）切断刀不宜伸出过长,切断刀的中心线要与工件中心线垂直,保证两个副偏角大小相等。

（2）切断刀刀尖必须与工件轴心线等高,否则切断处会留有凸台,且也容易损坏刀具。

（3）切断刀不宜伸出过长,以增强刀具刚度。

（4）切断处应靠近卡盘,以增加工件刚度,减少切削时的振动。

（5）切断时切削速度要低,采用缓慢均匀手动进给,以防进给量太大造成刀具折断。

二、切断和切外沟槽

1. 正车切断法

当机床刚性不足或切槽较深时,可采用分段切削法,这样比直切法减少一个摩擦面,便于排屑和减少振动。切断外表面不圆的工件时,车刀开始车削是断续的,此时进刀要慢些,否则较大的冲击力极易碰坏车刀。

用手动进刀时,应注意走刀的均匀性并且不得中途停下,否则车刀与已加工表面产生摩擦,造成刀具迅速磨损,如果中途必须停止进车或停车,则应先将切刀退出。

2. 反车切断法

用正车切断工件时,由于横向切削,工件要承受较大的径向力,同时也容易产生振动,特别是在切断直径较大的工件时,这种影响尤为显著。采用反车切断法,能有效地减少切断时的振动。

反车切断法的缺点是不便观察切断过程。

3. 切外沟槽的方法

车削宽度不大的沟槽可用刀头宽度等于槽宽的车刀一次车出。较宽的沟槽可分几次吃刀完成。车第一刀时,先用钢尺量好距离。车一条槽后,把车刀退出工件并向左移动继续车削,把槽的大部分余量车去,但在槽的两侧及底部应留有精车余量,最后根据槽的宽度及位置进行精车。

沟槽内的直径可用卡钳或游标卡尺测量。沟槽的宽度可用钢尺、样板或塞规测量。

三、常见的废品及其产生的原因

切断和车外沟槽时,可能产生废品的种类及原因如下:

1. 沟槽的宽度或位置不正确

原因有:刀头宽度磨得太宽或太窄;测量或定位不正确。

2. 沟槽深度不正确

原因有:尺寸计算错误;测量不准确。

3. 切下来的工件端面凹凸不平

原因有:刀架强度不够,主刀刃不平直,吃刀后因切削力作用使切刀偏斜,导致切出的工件端面凹凸不平;刀尖圆弧刃磨或磨损的不一致,使主刀刃受力不均而产生凹凸面;刀具角度刃磨不正确,两副偏角过大而且不对称,从而降低了刀头强度,产生"让刀"现象;切刀安装不正确。

4. 粗糙度达不到要求

原因有:两副偏角太小,产生摩擦;切削速度选择不当,没有加冷却润滑液;切削时产生振动;切削拉毛已加工表面。

第七节　钻孔、镗孔和铰孔

在车床加工内孔的方法很多,根据所用刀具的不同,其内孔的加工方法大致可分为钻孔(包括扩孔,钻中心孔等)、镗孔和铰孔等。钻孔是低精度的基础加工方法,如螺纹低孔、连接用孔。镗孔是应用比较广泛的一种加工方法,镗孔即可作铰孔前的半精度加工,也可以在单件小批生产中对尺寸比较大的高精度孔做精加工。铰孔主要应用于尺寸不大的高精度的精加工。

一、钻孔

在实心材料上加工孔。首先须用钻头孔,其钻孔的精度一般可达 IT11～IT13,表面粗糙度 Ra 值为 12.5～6.3。

钻头根据构造和用途不同,可分为:麻花钻、扁钻、中心钻、深孔钻等。其材料一般用高精速工具钢制成。其中麻花钻是做常用的钻头,有关麻花钻的组成部分,几何角度和刃磨方法等相关内容在钳工章节中已作介绍,在此就车床上加工内孔有关问题作一介绍。

1. 麻花钻的装夹方法

麻花钻的柄部一般分直柄和锥柄两种。直柄麻花钻可用钻夹头装夹,再利用钻夹头的锥柄插入车床尾架套筒的锥孔内。锥柄麻花钻可直接插入车床尾座套筒的锥孔内(如果钻头锥柄的锥度与车床尾架套筒锥孔的锥度不相符,可用钻套过度)锥柄的锥度一般采用莫氏锥度,常用的锥度为 2、3、4 号,如果钻头锥度是莫氏 3 号,而车床尾架套筒锥孔是莫氏 4 号的情况下,只要加一个莫氏 4 号钻套,就可以装入尾座套筒锥孔内。

在装夹钻头或钻套前,必须将钻头锥柄、钻套和尾架套筒的锥孔擦干净,否则锥面接触不好,容易使钻头歪斜或在锥孔内打滑。

上面介绍的两种方法都是把钻头安装在尾架套筒的锥孔内,人工用手转动尾架进行钻孔,此方法劳动强度大,效率低。在成批生产时为了提高效率,也可以采用一些辅助工具,将钻头装夹在刀架上实现自动进给。直柄的钻头可用 V 形垫块安装在刀架上;锥钻头可装在带锥孔的专用工具内,再安装在刀架上;如果是直柄钻头也可以使用钻夹头安装在专用工具的锥孔中。

2. 钻孔的操作要点

(1) 车平端面,便于钻头定心,以免钻偏。

(2) 钻孔前,擦净钻头。

(3) 钻孔时,由于排屑,散热困难,且钻头强度刚性差,应选用较小的切削速度。为防止钻头折断。开始钻时进给速度要慢一点,待钻头准确钻入后,方可加大进给速度;孔快钻通时应减小进给速度;钻孔结束后,先退出钻头后停车。另外钻深孔要经常退出钻头,便于排屑以及冷却;钻削钢件时应使用切削液。

二、镗孔

零件上铸出的孔、锻出的孔或用钻头钻出来的孔。为了达到要求的尺寸精度和粗糙度,常在车床上进行镗孔加工。在单件、小批生产中,IT7～IT9 级精度,表面粗糙度 $Ra3.6～1.6$ 的孔,在车床上经过粗精镗即可达到。在成批、大量生产时,镗孔常作为车床上绞孔或滚压加工前的半精加工工序。对大孔来说,镗孔往往是唯一的加工方法。

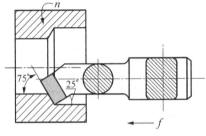

图 2 - 23　常用的镗孔刀

1. 镗孔刀

根据不同的加工情况,一般镗孔到可分为通孔镗刀(如图 2 - 23 所示)和不通孔镗刀(如图 2 - 24 所示)两种。

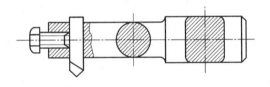
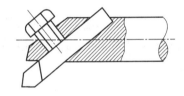

图 2 - 24　镗孔刀杆

通孔镗刀主要用于镗通孔,其主偏角一般为 $45°～75°$,副偏角为 $15°～30°$。不通孔镗刀是镗台阶孔或不通孔用的,其主偏角大于 $90°$。刀尖在刀杆的前端,刀尖到刀杆背面的距离必须小于孔径的一半,否则无法车平底平面。

为了节省刀具材料和增加刀杆强度,可以把高速钢或硬质合金的刀头装在刀杆中,在顶端或上方用螺丝紧固。对于一些大直径的浅孔,可以采用普通偏刀进行镗孔。由于普通偏刀刚性好,故可以进行高速或强力镗孔。

所有镗孔刀的后刀面均不能太高,否则会与孔壁相碰。因此一般刀杆后面应磨成圆弧形或磨成两个后角 α_1 和 α_2。安装镗刀时,其刀尖高度原则上应与工件中心等高。但在实际操作中,粗车时可将刀尖装得比工件中心略低一些(一般为工件直径的 1%),主要是增大工件前角,减小切削力。而精车时,可装得略高一些,使工件后角增大,减小后刀面与工件摩擦,保证工件表面粗糙度要求。另外,镗刀伸出长度应尽可能短些,以提高刀杆的刚性。

2. 工件的装夹

在车床进行镗孔加工时,工件一般用三爪或四爪卡盘装夹。为了使工件的外圆和内孔同心及余量均匀,应对工件毛坯的外圆和内孔进行校正,特别对于一些直径大,长度短的端面和外圆。这一点对于端面余量较小的工件尤为重要。

另外,在装夹薄壁工件或最后加工成薄壁工件时,应注意不要夹得太紧,以免引起工件的变形。

3. 切削用量的选择

镗中、小孔时,由于刀杆刚性比较差、排屑困难、不易冷却等原因,其切削深度和进给量一般要比车外圆时的小,只取外圆车削的 $\frac{1}{2} \sim \frac{1}{3}$;镗孔的切削速度一般比车外圆时低 10% ～ 20%。在堂削孔径较大、深度较浅时(孔直径大于 30 mm,孔深于孔径比小于 1:2),可选取大一些的切削量;在条件许可的情况下,还可采用高速或强力切削。

4. 镗孔方法

镗孔的方法基本上与车外圆一样,一般采用试车控制直径尺寸。镗削台阶孔或不通孔时,除了要控制孔的直径外,还要控制台阶长度或孔的深度。其方法有以下几种:

在单件,小批生产中,如工件长度尺寸是自由公差,则可根据大拖板的刻度来控制,或在镗刀杆上划线,以刻度线对准工件端面来确定孔的长度。如工件长度尺寸公差较小,则通过试切,用深度游标尺测量以控制尺寸。在批量较大生产时,与车台阶轴一样,可用多位块来控制多段长度尺寸或采用专用的多刀具来镗孔。

在镗中、小尺寸且较深的孔时,排屑是个关键问题,切屑挤死在孔中会使刀刃崩坏,甚至把刀具打坏。解决方法是:镗通孔时,可在刀刃上磨出正的刃倾角,使切屑沿走刀方向排入卡盘空处。镗不通孔时,可在镗刀上磨出负的刀刃倾角和卷屑槽,使切屑呈螺旋状连绵不断排出孔外。

三、铰孔

铰孔是中、小孔精加工的主要方法,在成批生产中被广泛采用。经铰孔切削后内孔尺寸精度高,一般可达 IT7～IT9 级,表面粗糙度 Ra 值可达 3.2～0.8。

1. 铰刀及装夹

铰刀分为机用铰刀和手用铰刀两种。一般在车床上多用机用圆柱铰刀,如图 2-25 所示。

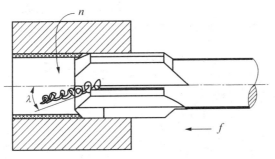

图 2-25　带刃倾角铰刀和排屑情况

机用铰刀的柄部为圆柱形或圆锥形,工作部分较短,主偏角较小,故导向性强,轴向力小,能有效地使孔的表面粗糙度 R_a 值降低。

铰刀在车床上有两种装夹方法:其一是将铰刀直接插入(或用钻夹头)过度套筒的锥孔内。此法要求尾座中心线与主轴轴线同心,以防孔径扩大。其二是采用浮动套筒装置装夹铰刀(图 2-26 为一浮动刀杆),铰刀锥柄插在套筒 2 锥孔中,套筒 2 装在浮动套筒 3 的孔中,中间有间隙,并用销钉 4 做松动连接(4 与 2 是过盈配合,4 与 3 是间隙配合),因此铰刀能够在所有的方向上浮动。淬硬的钢珠 5 嵌在臼行轴承 6 里,以保证走刀作用力沿中心线方向传递给铰刀,但并不影响其灵活性,锥柄 1 插在尾座套筒锥孔中。

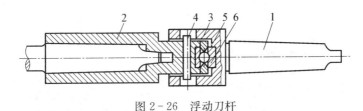

图 2-26　浮动刀杆

2. 铰孔方法

(1) 选择铰刀。铰孔的精度和表面粗糙度在很大程度上要靠铰刀的质量来保证,所以要正确地选择铰刀。一般要用百分尺仔细测量铰刀的直径,其次应检查刀刃有无磨损、裂口和毛刺,并且要把刀槽中的切屑清除干净。一般在正式使用前,铰刀要进行试铰一次,根据铰孔后孔径的实际扩大或缩小数值,再选择铰刀的直径。

（2）铰孔时的切削用量。铰孔时切削速度越低,则表面粗糙度值越小,一般速度以不大于 5 m/min 为好。铰孔时因切屑少,又有修光部分,其进给量可取大一些,如是钢料工件,可选用 0.2～1 mm/r;如是铸铁工件铰削时进给量可更大些。在车床上铰孔一般都用手动进刀,故要求手柄转动均匀。

（3）铰孔时产生废品原因以及防治措施见表 2-4 所示:

表 2-4 铰孔时产生废品原因与防治措施

废品种类	产 生 原 因	预 防 措 施
孔径扩大	1. 铰刀刃口径跳动过大	重新修磨刀刃口
	2. 尾座偏位,铰刀与孔轴线不重合	找正尾座,最好采用浮动套筒装夹铰刀
	3. 切削速度太高,铰刀温度升高	降低切削速度和加冷却液
	4. 余量太大	正确选择铰削余量
孔径缩小	1. 用硬质合金铰刀较软的材料	适当增大铰刀直径
	2. 使用水溶性切削液使孔径缩小	正确选择切削液
	3. 铰削铸铁孔时加煤油	不加或通过试铰掌握收缩量
表面粗糙	1. 铰刀不锋利及切削刃上有崩口、毛刺	重新刃磨
	2. 余量过小或过大	切削余量要适当
	3. 切削速度太高,产生积屑瘤	降低切削速度,用油石把积屑瘤磨去
	4. 切削液选择不当	合理选择切削液

四、保证套类工件要求的方法

套类工件主要的加工表面是孔,外圆和端面。内孔可以采用钻孔,车孔或铰孔来达到尺寸精度和表面粗糙度的要求。当孔达到该两项的技术要求后,套类工件加工的关键问题是如何保证图样规定的各项形位公差要求。

下面介绍保证同轴度和垂直度的加工方法。

1. 在一次安装中完成

在单件生产中,可以在一次安装中把工件全部或大部加工完,这种方法没有定位误差,如果车床精度高,可获得较高的形位精度。

2. 以内孔为基础保证位置公差

中小型的套、齿轮零件,可以采用心轴,以内孔作为定位基准来保证工件的同轴度和垂直度。心轴由于制造容易,使用方便,在工厂中应用很广泛,常用的心轴有以下几种:

(1) 圆柱心轴:当零件尺寸相同,且数量较多时,可以在两顶尖之间用心轴(见图 2-27)把几个零件都套在心轴上夹紧再车削外圆。这种心轴跟工件的配合常用间隙配合,其定心精度较差,因此多用于加工同轴度要求较低的工件。

图 2-27　圆柱心轴

(2) 圆锥心轴:对于孔公差小,同轴度要求高的工件可采用圆锥心轴,这种心轴的定位部分带有 1∶1 000～1∶5 000 的锥度,定心精度高,不需要夹紧装置,而是靠锥度自锁,因此多用于零件的精加工。

(3) 胀力心轴:心轴柄部插在主锥锥孔中,工件靠旋紧右边的螺母,使弹簧套筒沿锥面向左移动引起直径增大而涨紧工件。工件卸下时先旋松右边的螺母,再拧动左边的螺母,即可卸下工件。

3. 以外圆为基准保证位置精度

工件以外圆为基准保证位置精度时,车床上多采用软卡爪装夹工件。软卡爪是用未经淬火的刚料(45 号钢)制成,这种卡爪不易夹伤工件表面,还可以根据工件的特殊形状,相应地车制软卡爪。由于这种卡爪是在所有车床上车成要求的形状,因此,能使工件得到较高的同轴度和垂直度。

第八节　圆锥面的车削加工

圆锥面配合在机械中运用较多,如车床主轴锥孔与顶孔配合,尾座套筒锥孔与顶尖配合等。其特点是配合紧密,拆装方便,而且多次拆装仍能准确定心。其锥角较小时,圆锥配合能传递较大的扭矩,且同轴度较高并能做到无间隙配合。

一、圆锥面的主要尺寸

外圆锥面和内圆锥面的主要尺寸及其名称是相同的,如图 2-28 所示,具体如下：

$$D = d + 2L\tan\alpha$$

$$D = D - 2L\tan\alpha$$

$$K = \frac{D-d}{L} = 2\tan\alpha$$

$$M = \frac{D-d}{2L} = \tan\alpha = \frac{K}{2}$$

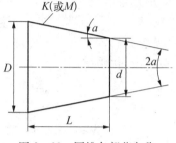

图 2-28　圆锥各部分名称

式中：D、d——分别为大端直径及小端直径；

L、a——分别为锥体长度及圆锥半角；

M、K——斜度和锥度。

为了降低生产成本和使用方便,常用的工具,刀具圆锥都已标准化,常用的标准圆锥有下列两种：

1. 莫氏圆锥

莫氏圆锥是机器制造中应用最广泛的一种,如：车床主轴锥孔、顶尖、钻头柄、铰刀柄等都采用莫氏圆锥。莫氏圆锥共有七个号码,即 0、1、2、3、4、5、6,最小的是 0 号,最大的是 6 号。每个号码的锥度也不一样,但都接近于 1∶20。莫氏圆锥的各部分尺寸,可以从有关手册资料中查出。

2. 米制圆锥

米制圆锥有八个号码,即 4、6、80、100、120、140、160 和 200 号。它的号码就是指大端直径,锥度固定不变,即 $C = 1∶20$。例如 100 号米制圆锥,其大端直径是 100 mm,锥度为 $C = 1∶20$。米制圆锥的各部分尺寸,可查阅有关手册资纸上标注的方法。

二、圆锥体的车削方法

由于圆锥体的尺寸不同,所以车削方法也不同,但无论用哪一种方法,都是为了使刀具的运动轨迹跟零件轴心线成圆锥角 $\frac{\alpha}{2}$,从而加工出所需要的圆锥零件。车削时车刀刀尖一定要对准工件中心安装。

车削圆锥面的方法通常有：转动小拖板法、尾座偏移法、靠模法、宽刀法、数控法等。

1. 转动小拖板法

转动小拖板法是将小拖板转动工件圆锥半角 $\frac{\alpha}{2}$，使小拖板导轨与车床主轴线相交成 $\frac{\alpha}{2}$ 的角度，然后摇动小拖板手柄作进给运动来进行车削。此法能加工锥角很大的内外圆锥面，加工精度也较高，但它受小拖板行程所限制，因而只能加工一些工件较短的圆锥面，且只能手动进给。

2. 尾座偏移法

在两顶尖间车削锥度较小而长度较长的圆锥体时，可采用此方法。即将尾座顶尖横向偏移一个一距离 S 使工件的回转中心线与车床主轴线成圆锥半角 α，锥面的母线平行于车刀作纵向进给方向车出锥面所示：

尾座偏移量 S 与两顶尖之间的距离有关，这段距离可以近似地看作是工件的总长 L。S 的计算公式如下：

$$\frac{S}{AC} = \sin\frac{\alpha}{2}$$

当 $\alpha < 8°$ 时，$\sin\alpha \approx \text{tg}\frac{\alpha}{2}$ 故

$$S = L \times \text{tg}\frac{\alpha}{2}$$

又

$$\text{tg}\frac{\alpha}{2} = \frac{D-d}{2L} = \frac{C}{2}$$

所以

$$S = \frac{L_0}{2} \times \frac{D-d}{L} = \frac{L_0}{2} \times C$$

由于偏移量 S 和工件的总长 L_0 有关，故用此种方法成批加工圆锥面时，应特别注意使工件的总长和中心孔的深浅都要一致，否则会造成锥度误差。

例：如图 2-29 所示的圆锥零件。$D=30(\text{mm})$，$C=1:20$，$L_0=80(\text{mm})$。

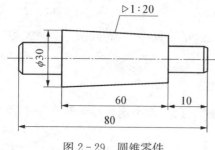

图 2-29 圆锥零件

求尾座偏移量 S。

解：$S = \dfrac{C}{2} \times L_0 = \dfrac{\dfrac{1}{20} \times 80}{2} = 2\,(\text{mm})$

尾座偏移量 S 计算出来后，可根据偏移量 S 来移动尾座的上层即可。具体方法有以下几种：

（1）利用尾座自身的刻度偏移尾座。

（2）利用中拖板刻度偏移尾座。

（3）利用百分表偏移尾座。

以上几种方法，都存在着一定的误差。若要求非常准确的偏移量，则必须经过试车调整。

尾座偏移法可加工较长的锥面，且工件表面的粗糙度 Ra 值较小，并能自动进刀，但一般只能加工小锥度的外圆锥面。

3. 靠模法

对于某些较长的圆锥体或圆锥孔工件，其精度要求较高，而且批量又较大时采用此法加工。靠模装置的底座固定在床身的后面，底座上装有锥度靠模板。松开紧固螺钉，靠模板可以绕定位销钉旋转，与工件的轴线成一定的斜角。靠模上的滑块可以沿靠模滑动，而滑块通过连接板与中滑板连接在一起。中滑板上的丝杠与螺母脱开，其手柄不再调节刀架横向位置，而是将小滑板转过 $90°$，用小滑板上的丝杠调节横向位置以调整所需的吃刀量。

如果工件的锥角为 α，将靠模调节为 $\dfrac{\alpha}{2}$ 的斜角，当大拖板纵向走刀时，滑块就沿着靠模滑动，从而使车刀的运动方向平行于靠模，车出所需的圆锥面。靠模法加工平稳，工件的表面质量好，效率高，可以加工 $\alpha < 12°$ 的长圆锥面，主要用于成批或大量生产的内外锥面。

4. 宽刀法

宽刀法就是利用主切削刃横向进给直接车出圆锥面，此时切刃的长度要大于圆锥母线长度，切削刃与工件回转中心线成半锥角 α，此种加工方法方便，迅速，能加工任意角度的内外圆锥。车床上倒角实际就是宽刀法车削圆锥。此种方法加工的锥面很短（$\leqslant 20\,\text{mm}$），要求切削加工系统要有较高的刚性。宽刀法适用于批量生产。

三、车圆锥孔的方法

车圆锥孔时,应使锥孔大端直径的位置在外端,其车削方法有以下几种:

1. 转动小拖板法

先用小于锥孔小端直径 d 的钻头钻孔,并应用前述的关于转动小拖板角度的方法,使其与工件中心线成 $\frac{\alpha}{2}$ 角度,然后用镗刀镗削即可。

2. 靠模法

当工件锥孔的圆锥半角 $\frac{\alpha}{2} < 12°$ 时,可采用靠模装置,这时只要将靠模板转到与车圆锥体相反的位置就可以了。

3. 车、铰、圆锥孔

当锥孔的直径和锥度较小时,钻孔后可直接用锥形铰刀铰孔。当锥孔的直径和锥度较大时,先钻孔,再粗镗成锥孔,并在直径上留铰削余量 0.05 ~ 0.2 mm,然后用铰刀进行铰孔。

应用高速钢锥铰刀铰孔时,切削速度选用 48 m/min 以下,为了减小切削力和使表面粗糙度值降低确保加工质量,铰钢件时应用乳化液或切削油作冷却滑液。铰铸铁时可用煤油。

第九节　车特形面和滚花

一、车特形面

有些机器零件像车床的手柄,手轮和圆球等,它们回转表面的母线不是直线,而是一种曲线,这类零件的表面称为成形面。也叫特形面。对于具有旋转成形面的零件,在车床上可以较方便地加工。根据零件的特点,精度要求及批量大小等不同情况,其加工方法可分别采用双手控制法、成形刀法以及靠模法。

1. 双手控制法

数量较少或单件的特形面零件,可采用双手控制法进行车削。用双手同时转动中、小(或大、中)拖板手柄。通过双手的合成运动,使刀尖运动的轨迹与回转体成形面的母线尽量相符,便能车出所需的特形面如图 2-30 所示,车削过程中可用成形样板检验。此法简单方便,但生产效率低及加工精度低,对操作者的技术熟练程度要求较高,一般适用单件小批量生产中。

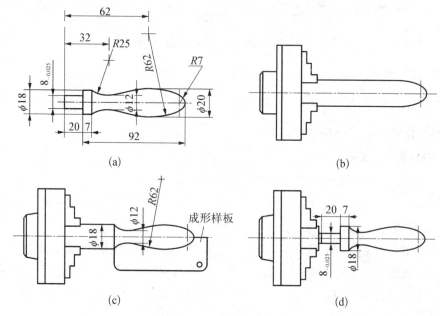

图 2-30　车摇手柄步骤

2. 成形刀法

为了提高生产率,成批车削成形面表面时,可用切削刃形状与工件表面相吻合的成形刀,通过横向进给直接车出成形面,称为成形刀法。

(1) 成形刀法的种类:

普通成形刀　这种样板刀与普通车刀相同,可以用普通方法刃磨,因此制造方便,但精度较低。

菱形成形刀　这种成形刀由刀头和刀杆组成,刀头的刃口按工件的形状刃磨,后部有燕尾,安装在刀杆的燕尾槽中,用螺钉紧固。此种成形刀,重磨次数多,但制造较复杂。

圆形成形刀　这种成形刀是用一个圆轮制成并安装在弹簧刀杆上。为防止切削时圆轮转动,在侧面作出端面齿(小直径圆形样板刀可不做出端面齿,靠端面紧固后的摩擦力防止圆轮转动)。

（2）成形刀的使用方法。安装成形刀时，刃口应与工件中心同高，否则工件形状要发生畸变。

由于车刀与工件的接触面较大，切削时容易产生振动，所以应采用较低的切削速度和较小的进给量，也可以采用反切法（工件反转，样板刀反装）。另外，要根据材料合理选择合适的切削液。

二、靠模法

对于数量较多，且精度要求较高的零件的特形面可以采用靠模法进行车削。用靠模法车削摇手柄的方法，在床身外侧固定一靠模装置曲线沟槽形状与工件表面母线相同。抽掉中拖板丝杆，在中拖板上层滑块与靠模槽中滚子用连杆连接。当大拖板纵向移动时，车刀就随着靠模曲线的变化在工件上车出合乎要求的特形面。将小拖板转过 90°，就可以进行吃刀，这种方法操作简单，生产效率高，工件的互换性好，但成本高，故多用于成批生产。

三、滚花

有些工具和机器零件上，为了增加摩擦力和使零件表面的美观，常在其表面上滚出各种不同的花纹，如：百分尺的套筒，各种滚花手柄等。这些花纹一般是在车床上用滚花刀挤压工件表面，使其产生塑性变形而形成花纹。

滚花一般分直纹滚花和网纹滚花两种，如图 2-31 所示。工件上的花纹形状由滚花刀滚出，滚花刀分为单轮式、双轮式和六轮式三种。单轮式只能滚出一种直纹，双轮式能滚出一种网纹，六轮式可以滚出粗、中、细三种不同节距的网纹。

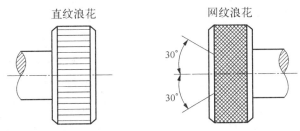

图 2-31　滚花型式

滚花方法：将工件直径车到 D-Δ（D 为直纹或网纹的外径，Δ 为直纹或网纹的深度），表面粗糙度值 $Ra < 12.5$ mm。把选好的滚花刀装夹在刀架上，使滚轮对准工件中心，转动纵、横手柄，并取滚花刀半个宽之长，从工件右边压入工

件,待花纹清晰后,作纵向慢走刀。滚花时工件的径向压力很大,因此工件必须装夹牢固,并尽可能地装得离卡盘近些,必要时可用尾座顶尖顶住,工件的转速要低些,并充分供给切削液,以防止研坏滚花刀和产生乱纹。

第十节 车 削 螺 纹

一、概述

螺纹是机械零件中常见的一种形式,它的种类很多,应用十分广泛,其作用有以下几点:① 用于连接、紧固;② 用于传递动力,改变运动形式;③ 用于测量的螺纹。尽管螺纹类型很多,用途不同,但都可以在车床上进行加工。

螺纹的种类很多,按照螺纹剖面形状来分,主要有四种:

(1) 三角螺纹:

普通螺纹主要包括:① 粗牙螺纹(M);② 细牙螺纹(m)。

管螺纹:① 55°用螺纹密封的管螺纹(G);② 60°圆锥管螺纹(Z);③ 60°米制锥螺纹(ZM)。

(2) 梯形螺纹,公制梯形螺纹(Tr)。

(3) 锯齿形螺纹(S)。

(4) 矩形螺纹,平面螺纹等非标准螺纹。

图 2-32 所示为普通的结构要素。普通螺纹的代号为 M,其牙型为三角形,

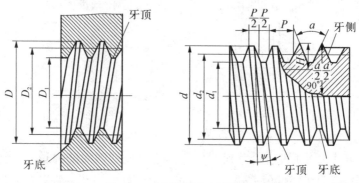

图 2-32 螺纹的各部分名称

牙型角 $\alpha = 60°$，牙型半角 $\frac{\alpha}{2} = 30°$，螺距的代号为 P，内螺纹公称直径，用小写字母 d 代直径。

二、螺纹车刀及其安装

车削各种牙型的螺纹，都应当使车刀切削部分的形状与工件螺纹的截面形状相一致，如普通螺纹车刀的刀尖角为 $60°$，而梯形螺纹车刀的刀尖角为 $30°$，同时，刀尖角与刀杆的轴线应对称。

螺纹车刀的刀尖材料，可用高速工具钢或硬质合金。高速工具钢螺纹车刀刃磨较方便，容易得到比较锋利的刃口，且韧性好，刀尖不易崩裂，故经常用于螺纹的精加工。螺纹车刀的前角一般取 $5°\sim10°$，两侧刃口后角取 $6°\sim8°$。硬质合金螺纹车刀刃磨时容易崩裂，车削时怕冲击，所以在低速切削螺纹时用得较少，而多用于高速切削螺角为 $0°$，两侧刃后角取 $4°\sim6°$。

螺纹车刀的安装正确与否，对螺纹的精度将产生一定的影响。因此，安装螺纹车刀时注意使刀尖与工件的轴线须等高，左右刀刃要对称。另外，刀杆安装时也不宜伸出太长，以免切削时引起振动。为此可用角度样板对刀。

三、机床的调整

车削螺纹时，必须满足的运动关系是：工件每转一圈，车刀必须准确而均匀地移动一个螺距或导程（单头螺纹称螺距，双头螺纹称为导程）。为了获得上述关系，必须用丝杠带动刀架作进给运动。因为丝杠本身的精度较高，且传动链较简单，减少了传动累计误差。更换配换挂轮或按进给箱上的标牌手柄位置，即可改变丝杆的转速，从而车出不同螺距的螺纹。

四、三角螺纹的车削

1. 车削方法

车削螺纹时，一般分为粗车，精车两次切削。如果螺纹精度要求不高，可作一次车削完成。

（1）粗车螺纹。先正确安装螺纹车刀。车削螺纹时，按下开合螺母，用正车进行第一次走刀，切出螺纹线，这时用钢尺或螺距规检验螺距，如果符合要求，可以增加吃刀深度，按第一次走刀方法继续车削，直至留有 0.2 mm 精车余量为止。

(2) 精车螺纹。精车螺纹的方法基本与粗车相同。若换装了精车刀,在车第一刀时,须先对刀,使刀尖对准工件上已切出的螺纹槽中心,然后再开始车削。车削螺纹的具体操作过程,可参照车削的进刀方式有直进法、左右切削法和斜进法三种。当螺距较小时,可用直进法;粗车较大螺距螺纹时,可用斜进法;一般多用左右切削法,即在每次径向进刀的同时,使用小拖板作轴向左右进刀。

2. "乱扣"的注意及事项

车削螺纹时,车刀的移动是靠开合螺母与丝杆的啮合而带动拖板刀架的,一条螺纹槽要经过多次走刀才能完成,如果退刀时打开开合螺母,将大拖板摇回到起始位置,那么闭合开合螺母再次走刀时,就有可能发生车刀刀尖不在前一刀所车出的螺旋槽内,而是偏左或偏右,以至把螺纹车坏,这种现象叫做"乱扣"。

为了防止产生"乱扣",因此,车削螺纹时应该注意以下几点:

(1) 当工件上螺纹的螺距不是丝杠螺距的整数倍时,车完螺纹之前不得随意松开开合螺母。加工中需要重新装刀时,应闭合开合螺母,移动小拖板使车刀落入螺纹槽。

(2) 从顶尖上取下工件度量时,不能松开卡箍。重新安装工件时,应使卡箍和拨盘的相对位置与测量前一致。

(3) 调整中小拖板之间的间隙,使其移动均匀、平稳。

五、蜗杆和多头螺纹的车削

1. 蜗杆的车削。蜗杆为减速传动零件,在工件中与蜗轮啮合并将旋转运动传给蜗轮(见图 2 - 33)。蜗杆的齿形和梯形螺纹相似,其牙型角有 40° 和 29° 两种,40° 为公制蜗杆螺纹,29° 为制蜗杆螺纹。蜗杆螺纹各部分尺寸的计算,可参考有关手册。

由于蜗杆螺纹齿形和梯形螺纹相似,所以使用的车刀也基本相同。但蜗杆的导程和螺旋升角较大,在刃磨车刀时,要考虑螺旋升角对车刀前、后角的影响,车蜗杆时,车刀两侧刃之间的夹角应是齿形角的两倍。蜗杆有两种不同的齿形,对应有两种不同的装刀方法。

(1) 水平装刀法。车轴向直廓蜗杆时,为保证齿形正确,应把车刀两侧切削刃组成的平面装在水平位置上,且与工件轴线同在一平面。

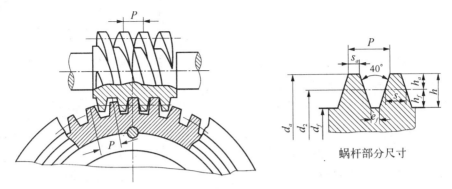

图 2-33 蜗杆和蜗轮啮合图及蜗杆各部分尺寸

（2）垂直装刀法。车削法向直廓蜗杆时，车刀两侧切削刃组成的平面应装得与齿侧垂直。

由于蜗杆的螺纹升角较大，车削时不仅对车刀两侧刃后角影响大，而且背走刀方向的刀刃前角成负值，车削不顺利。当用整体式车刀达到垂直装刀法的要求很困难时。可采用可回转刀杆进行车削。

在粗车轴向直廓蜗杆时，也可用同样的方法，即采用垂直装刀法。但精车时，刀头须水平装夹。

2. 多头螺纹的车削

圆柱体上有两条或两条以上的螺纹叫做多头螺纹。多头螺纹导程 $L = np$（n 为螺纹的头数）。多头螺纹每旋转一周时，能够移动几倍的螺距，多用于快速移动机构中。多头螺纹的头数多少，可根据螺纹末端螺旋槽的数目来区别，或从螺纹的端面上看，有几个螺纹的头数。

车削多头螺纹时，主要是解决螺纹的分头方法问题，如果螺纹分头出现误差，工件的螺距就不等，会严重地影响内外螺纹的配合精度，降低使用寿命。根据多头螺纹的形成原理，分头的方法有以下几种：

（1）小拖板刻度分头法。车好一个螺纹槽后，转动小拖板手柄，使车刀轴向移动一个螺距的距离，就可以车相邻的另一个螺纹槽。采用这种方法必须注意以下几点：

首先要校正小拖板轨迹，使它平行于工件的轴线。

其次要减少小拖板丝杠与螺母的间隙所引起的误差。若用左右切削法，必须先将同一方向的各头螺纹的牙型侧面逐一车好，然后再逐一车另一方向的各头螺纹的牙型侧面。

其三是用刻度盘确定小拖板的移动距离是不准确的,此法多用于粗车。为了提高分头精度,精车时可用百分表或块规控制。

(2)挂轮齿数分头法。当车床主轴挂轮的齿数是工件螺纹头数的整数倍时,就可以用挂轮进行分头,例如车三头螺纹,若已确定主轴挂轮为45齿,则每次分头,主轴挂轮应转过15齿。当车完工件的第一螺纹槽后,停车,找出主轴挂轮与中间轮的啮合齿,在中间轮的该轮上作记号"0"。在主轴挂轮的啮合齿做记号"1",由此数过15个做记号"2",再数15个作记号"3",随后把中间轮和主轴挂轮脱开,用手转动卡盘,使注有"2"的齿与"0"对齐,并将中间轮推进与主轴挂轮啮合。这样就完成了一次分头,可以车第二个螺纹槽了。以后的分头可用同样的方法进行。分头时为了减少误差,齿轮必须向一个方向转动。

第十一节　复杂零件的安装与加工

一、偏心工件的加工

偏心工件是指外圆和外圆的轴心线或内孔和外圆的轴心线平行而不相重合的零件。外圆跟外圆偏心的零件叫做偏心轴;内孔跟外圆偏心的零件叫做偏心套。两轴心线之间的距离叫做偏心距。曲轴是形状较复杂的偏心轴。一根曲轴上往往有几个不同角度偏心轴颈。以下介绍几种在车床上加工偏心工件的方法。

1. 在四爪卡盘上车削偏心工件

对于数量少,长度较短,精度要求不高的偏心工件以及外形是非圆形的工件,一般用四爪卡盘装夹。

在四爪卡盘上车偏心工件时,先要在工件上划出偏心圆线和水平、垂直方向的十字线,并打上样冲眼。然后用划针盘校正偏心圆和水平、垂直方向十字线,使工件轴线和主轴轴线平行。

2. 在三爪卡盘上车削偏心工件

长度较短的偏心工件,可以在三爪卡盘上车削,车削时,先将工件长度和外直径车好,然后装夹在三爪卡盘上,其中一爪垫上一块垫片就可车削。垫片的厚度可用下列公式计算:

$$x = 1.5e \times \left(1 - \frac{e}{2d}\right)(\text{mm})$$

式中：x——垫片厚度(mm)；

e——工件偏心距(mm)；

d——三爪卡盘夹持部分的工件直径(mm)。

在实际操作中由于卡爪与工件表面接触位置有偏差，加上垫片夹紧后的变形，用上面公式计算出来的垫片厚度不会产生误差。因此，偏心精度要求不高，工件数量不多时可采用。

3. 在两顶尖间车削偏心工件

较长的偏心轴，可以装夹头在两顶尖间进行车削。偏心中心孔一般是划线后在钻床上加工出来，偏心距要求高的中心孔可在坐标镗床上加工。

二、花盘和角铁

在车床上加工形状复杂和不规则的零件，且用三爪卡盘、四爪卡盘或两顶尖都无法装夹时，必须应用花盘和角铁进行装夹。

花盘是安装在车床主轴上随之旋转的一个大圆盘，其端面有许多长槽，可装入螺栓以压紧工件。花盘的端面要求平整，其端面圆跳动应在 0.02 mm 以内，且与主轴中心垂直。当加工大而扁且形状不规则的零件或要求零件的一个面与安装面平行，或孔、外圆的轴线要求与安装面垂直时，可以用压板把工件直接压在花盘上加工，如图 2-34(a)所示。形状复杂的工件可用花盘和角铁安装，如图 2-34(b)所示。压板或角铁要有一定的刚度，用于贴放工件的平面应平整。安装工件时仔细找正，选择适当的部分放置压板或角铁，以防工件变形。如果工件偏于花盘的一边，则应在另一边用平衡铁来加以平衡，以防止旋转时产生振动。

三、中心架和跟刀架

车削细长轴工件(长度与直径之比大于 20 的长轴)时。由于工件本身的刚性较差，当受到切削力时，会引起振动和弯曲，加工起来很困难。为了防止产生这种现象，车削细长轴可使用中心架和跟刀架来增加工件的刚性。

1. 中心架

固定在床身导轨上，有上、前、后 3 个支承爪，主要用于提高细长轴或悬臂安

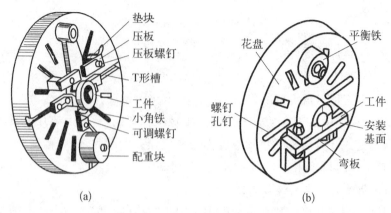

图 2-34　花盘和角铁

(a) 花盘的结构　(b) 在弯板上安装工件

装工件的支承刚度。安装中心架之前先要在工件上车出中心架支承凹槽,槽的宽度略大于支承爪,槽的直径大于工件最后尺寸一个精加工的余量。车细长轴时中心架装在工件中段;车一端夹持的悬臂工件的端面或钻中心孔,或车削较长的套筒工件的内孔时,中心架应装在工件悬臂端附近。在调整中心架三个支承爪的中心位置时,应先调整下面两个爪,然后把盖子盖好固定,再调上面的一个爪。车削时。支承爪与工件接触处应经常加润滑油,注意其松紧要适量,以防止工件因摩擦发热。

使用中心架车细长轴时,安装中心架所需辅助时间较多,而且一般都要接刀(由于中心架的阻挡而不能从头到尾走刀),因此使用比较麻烦。

2. 跟刀架

跟刀架固定在车床的床鞍上,跟着车刀一起移动,可以抵消径向切削力,车销时可以提高细长轴的形状精度和使表面粗糙度值降低,跟刀架主要用来车削不允许接刀的细长轴,如精度要求高的光轴、长丝杠等。车削时先在工件端头上车一段外圆,然后使跟刀架支承爪与其接触并调整至松紧合适,工作时支承处要加润滑油。由于车削中跟刀架总是跟着车刀而支撑着工件,所以使用跟刀架车细长轴可以不要接刀。

跟刀架在使用中,由于中心架,跟刀架与工件接触的支承爪弧面形状对所车细长轴的精度有较大的影响,最好按照工件的直径镗出或用与工件的研磨、跑合的方法进行修正支承爪弧面。

第十二节　设备的保养与维护

一、保养的原则

（1）为保证机械设备经常处于良好的技术状态，随时可以投入运行，减少故障停机日，提高机械完好率、利用率，减少机械磨损，延长机械使用寿命，降低机械运行和维修成本，确保安全生产，必须强化对机械设备的维护保养工作。

（2）机械保养必须贯彻"养修并重，预防为主"的原则，做到定期保养、强制进行，正确处理使用、保养和修理的关系，不允许只用不养，只修不养。

（3）各班组必须按机械保养规程、保养类别做好各类机械的保养工作，不得无故拖延，特殊情况需经分管专工批准后方可延期保养，但一般不得超过规定保养间隔期的一半。

（4）保养机械要保证质量，按规定项目和要求逐项进行，不得漏保或不保。保养项目、保养质量和保养中发现的问题应作好记录，报本部门备案。

（5）保养人员和保养部门应做到"三检一交（自检、互检、专职检查和一次交接合格）"，不断总结保养经验，提高保养质量。

（6）资产管理部定期监督、检查各单位机械保养情况，定期或不定期抽查保养质量，并进行奖优罚劣。

二、保养作业的实施和监督

（1）机械保养坚持推广以"清洁、润滑、调整、紧固、防腐"为主要内容的"十字"作业法，实行例行保养和定期保养制，严格按使用说明书规定的周期及检查保养项目进行。

（2）例行保养是在机械运行的前后及过程中进行的清洁和检查，主要检查要害、易损零部件（如机械安全装置）的情况，冷却液、润滑剂、燃油量、仪表指示等。例行保养由操作人员自行完成，并认真填写《机械例行保养记录》。

（3）一级保养：普遍进行清洁、紧固和润滑作业，并部分地进行调整作业，维护机械完好技术状况。使用单位资产管理人员根据保养计划开具《机械设备保养、润滑通知单》下达到操作班组，由操作者本人完成，操作班班长检查监督。

（4）二级保养：包括一级保养的所有内容，以检查、调整为中心，保持机械各总成、机构、零件具有良好的工作性能。由使用单位资产管理人员开具《机械设备保养、润滑通知单》下达到操作班组，主要由操作者本人完成，操作者本人完成有困难时，可委托修理部门进行，使用单位资产管理员、操作班班长检查监督。

（5）其他保养。

换季保养：主要内容是更换适用季节的润滑油、燃油，采取防冻措施，增加防冻设施等。由使用部门组织安排，操作班长检查、监督。

走合期保养：新机及大修竣工机械走合期结束后必须进行走合期保养，主要内容是清洗、紧固、调整及更换润滑油，由使用部门完成，资产管理员检查，资产管理部监督。

转移保养：机械转移工地前，应进行转移保养，作业内容可根据机械的技术状况进行保养，必要时可进行防腐。转移保养由机械移出单位组织安排实施，项目部、资产管理员检查，资产管理部监督。

停放保养：停用及封存机械应进行保养，主要是清洁、防腐、防潮等。库存机械由资产管理部委托保养，其余机械由使用部门保养。

（6）保养计划完成后要经过认真检查和验收，并编写有关资料，做到记录齐全、真实。

三、保养内容和要求

1. 日保养内容与要求

周期：每天接班前、后 10 分钟，周末 1 小时。

责任人：操作者执行，检修人员检查。

（1）工作前：① 检查交接班记录本；② 严格按照设备"润滑图表"规定进行加油，做到定时、定量、定质；③ 停机 8 小时以上的设备，在不开动设备时，要先低转 3~5 分钟，确认润滑系统是否畅通，各部位运转是否正常，方可开始工作。

（2）工作中：① 经常检查设备各部位运转和润滑系统工作情况，如果有异常情况，立即通知检修人员处理；② 各导轨面和防护罩上严禁放置工具、工件和金属物品及脚踏。

（3）工作后：① 擦除导轨面上的铁屑及冷却液，丝杠、光杠上无黑油；② 清扫设备周围铁屑、杂物；③ 认真填写设备交接班记录。

2. 一级保养设备内容和要求

周期：每月一次,时间八小时。

责任人：操作者与检修人员共同完成。

(1) 擦洗设备外观部分：① 外观无黄袍、无油垢、物见本色,外观件齐全、无破损；② 导轨、齿条、光杠、丝杠无黑油及锈蚀现象,研磨去毛刺。

(2) 清洗、疏通润滑冷却系统,管路,包括油孔、油杯、油线、油毡过滤装置：① 油窗清晰明亮,油标醒目,加油到位,油质符合要求；② 油箱、油池、过滤装置内外清洁,无积垢和杂质；③ 油线齐全,油毡不老化,润滑油路畅通,无漏油、漏水现象；④ 油枪、油壶清洁好用,油嘴、油杯齐全,手拉泵、油泵好用；⑤ 拆下各部防护罩,检查润滑情况,擦洗导轨、光杠、丝杠。

(3) 检查调整各部铁屑、压板、间隙,各部位固定螺钉、螺帽、各手柄灵活好用：① 各部斜铁、压板、滑动面间隙调整到 0.04 mm 以内,移动件移动自如；② 各部位固定螺钉、螺帽无松动缺失。

(4) 检查各安全装置：① 各限位开关、指示灯、信号、安全防护装置,齐全可靠；② 各电器装置绝缘良好,安装可靠接地,安全照明。

(5) 检查电器各部达到要求：① 电箱内外清洁,无灰尘、杂物,箱门无破损；② 电器原件紧固好用,线路整齐,线号清晰齐全；③ 电机清洁无油垢、灰尘、风扇、外罩齐全好用；④ 蛇皮管无脱落、断裂、油垢,防水弯头齐全。

(6) 清扫工作地周围：① 设备周围无铁屑杂物；② 机床附件、工具、卡具合理摆放,清洁定位。

3. 二级保养设备和要求

周期：每半年一次,24～32 小时。

责任人：检修人员执行,操作者配合。

(1) 擦洗设备外观各部位,达到一级保养要求。

(2) 调整精度：① 调整床身、床头箱、溜板箱及主轴精度,达到满足工艺要求；② 填写记录登记、存档。

(3) 检查清洗各部箱体：① 各箱内清洁,无积垢杂物；② 更换磨损件,测绘备件,提出下次修理备件；③ 进给变速,恢复手柄定位准确,齿轮啮合间隙符合要求。

(4) 检查各箱体润滑情况：① 达到一级保养要求；② 清洁润滑油箱,更换润滑油；③ 修复、更换破损油管及过滤网。

（5）检查电器各部是否达到要求：① 达到一级保养要求；② 电机清洁更换轴承润滑油、风扇、外罩齐全；③ 更换修理损坏电器件及触点；④ 各限位、开关、连锁装置齐全、可靠；⑤ 指示仪表、信号灯齐全、准确；⑥ 电器装置绝缘良好、接地可靠。

四、设备的维护保养

设备维护保养的目的，是及时处理设备在运行中经常出现的不正常的技术状态，如干摩擦、松动、间隙、污染等，以便及时改善设备的使用情况，保证设备的正常运行，延长设备的使用寿命。因此，设备维护保养的主要内容是润滑、紧固、调整、清洁、防腐等。设备的维护保养工作，依据工作量的大小、难易程度，可以划分几个类别：例行保养（或叫日常保养）、一级保养、二级保养、三级保养。

第三章 项 目 实 例

项目一 加工拉伸试验棒

一、目的

通过试件的加工熟悉车床各部分功能应用,掌握车床加工的基本操作。建立安全生产以及产品质量意识。

二、目标

(1) 熟练掌握车床的基本操作。

(2) 培养安全生产意识。

(3) 熟练掌握合理使用量具。

(4) 会合理使用刀具。

(5) 会根据不同的加工要求使用不同的主轴转速及进给量。

(6) 加工出符合图纸要求的合格试件。

三、项目实施

1. 读图分析

根据图纸内容读取试件材料、数量、外形结构形状、尺寸及技术要求。

试件材料:45 号钢。

数　　量:单件。

外形结构:为轴向对称回转体,需要车削外圆和端面。

基本尺寸:总长 200±0.50 mm,中间圆柱 100±0.20 mm,$\phi 10 \pm 0.02$ mm,

两端外圆柱分别 50,$\phi15\pm0.20$,两端 $\phi10$ 圆柱面至 $\phi15$ 圆柱面的 1:3 锥度面过渡,两端 $1\times45°$ 倒角。

锥度角计算:$M=\dfrac{D-d}{2L}=\tan\alpha=\dfrac{C}{2}$ 锥度 1:3 代入,α 取值约为 $9.5°$

技术要求:表面粗糙度 Ra 值为 $3.2\ \mu m$

2. 选择设备、刀具、量具

根据读图信息分析综合考虑做以下选择:

加工设备:车床 C616 或 C618。

加工刀具:45°白钢刀,$\phi3$ 中心钻头。

加工量具:游标卡尺(0~125),千分尺(0~25),直尺(0~150)。

加工辅助工具:三爪自动定心卡盘,活顶尖,19 号呆扳手,毛刷,防护眼镜。

3. 制定加工工艺

毛坯:$\phi20\times230$ 加工长度基准:右端平面

(1)毛坯伸出卡盘 40,划线 15,车削外圆至 $\phi18\times15$(见图 3-1)。

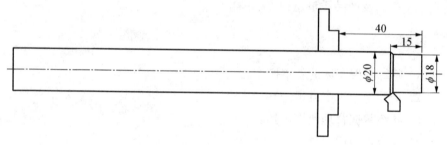

图 3-1 车削外圆

(2)调头装夹毛坯伸出卡盘 30,车削端面至平整(见图 3-2),打中心孔(见图 3-3)。

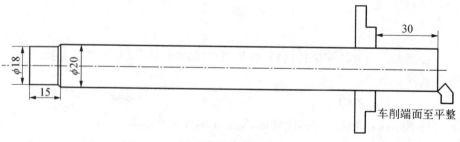

图 3-2 车削端面

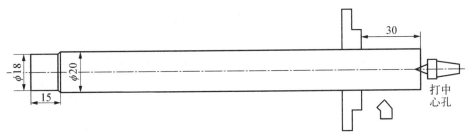

图3-3 打中心孔

（3）一夹一顶装夹，一头夹持 $\phi18\times15$ mm 台阶处，另一头活动顶尖顶住（见图3-4）。

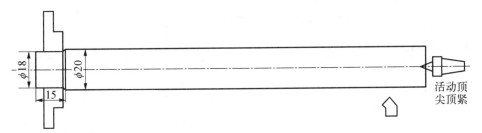

图3-4 一夹一顶装夹

（4）划线 200 mm，粗加工 45°车刀车削外圆 $\phi18\times200$ mm（游标卡尺测量外圆）（见图3-5），继续车削外圆 $\phi16\times200$ mm（游标卡尺测量外圆）（见图3-6），精加工 45°车刀车削外圆 $\phi15\pm0.20\times200$ mm（千分尺测量外圆）（见图3-7）。

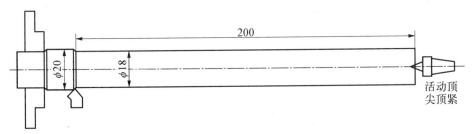

图3-5 粗加工车削外圆至 $\phi18$

（5）分别划线 50 mm 和 150 mm，粗加工 45°车刀车削外圆从划线 50 mm 处加工 $\phi13\times100$ mm（游标卡尺测量外圆）（见图3-8），粗加工 45°车刀车削外圆从划线 50 mm 处加工 $\phi11\times100$ mm（游标卡尺测量外圆）（见图3-9），精加工 45°车刀车削外圆从划线 50 mm 处加工 $\phi10\pm0.02\times100$ mm（千分尺测量外圆）（见图3-10）。

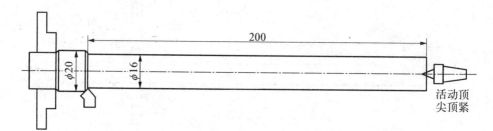

图 3-6 继续车削外圆至 ϕ16

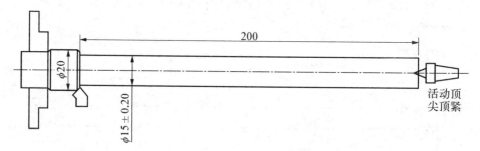

图 3-7 精车削外圆至 ϕ15

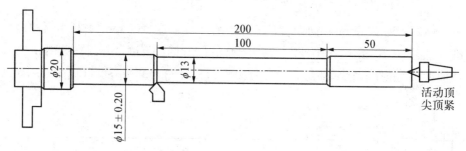

图 3-8 粗加工至 ϕ13×100 mm

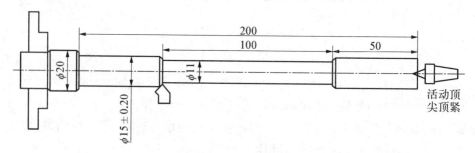

图 3-9 粗加工至 ϕ11×100 mm

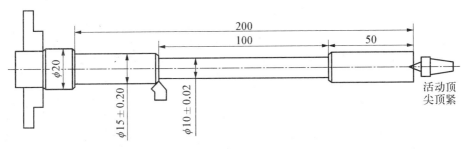

图 3-10　精加工至 φ10±0.02×100 mm

（6）加工右端外圆锥度，调整车床小托板顺时针旋转至 9.5°，手动多次车削锥度外圆至要求（φ10 外圆面与锥度面平滑过渡同时保障其右端 50 mm 长度，游标卡尺测量长度）（见图 3-11）。

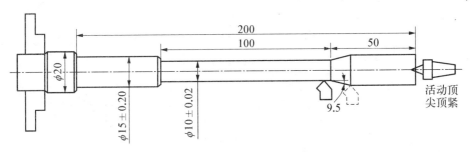

图 3-11　加工右端外圆锥度

（7）加工左端外圆锥度，调整车床小托板逆时针旋转至 9.5°，手动多次车削锥度外圆至要求（φ10 外圆面与锥度面平滑过渡同时保障其 φ10 外圆柱 100±0.2 mm长度，游标卡尺测量长度）（见图 3-12）。

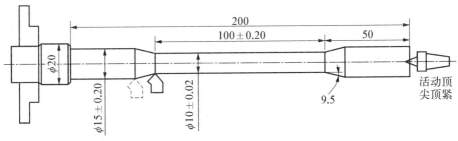

图 3-12　加工左端外圆锥度

（8）划线 200±0.50 mm，右端 1×45°倒角（见图 3-13）。

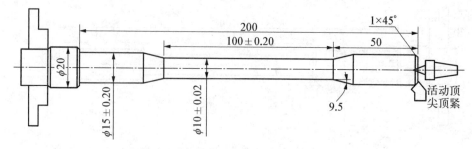

图 3-13　右端 1×45°倒角

（9）调头铜皮包裹外圆 $\phi15$ 夹持，伸出卡盘 40 mm，车削去除长度至划线 200 ± 0.50 mm 处，1×45°倒角（见图 3-14）。

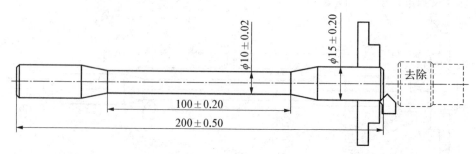

图 3-14　调头夹持加工

（10）试件测量检验入库（见图 3-15）。

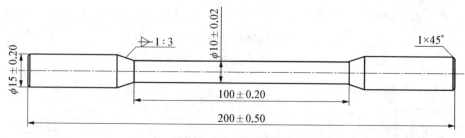

图 3-15　测量检验

4．加工小结

（1）熟悉车床各部分功能及操作流程。

（2）建立健全生产安全及产品质量意识。

（3）合理地选择、使用刀具。

（4）掌握合理的加工切削用量。

（5）掌握正确的量具使用方法。

（6）编制合理的加工工艺。

项目二 加工台阶轴

一、目的

通过试件的加工进一步熟悉车床各部分功能应用,熟练掌握车工的基本操作,特别是熟悉车床轴类零件加工工艺过程。建立安全生产以及产品质量意识。

二、目标

（1）进一步熟练掌握车床的基本操作过程。

（2）培养安全生产以及产品质量意识。

（3）熟练掌握合理使用量具。

（4）掌握合理使用刀具。

（5）掌握根据不同的加工要求使用不同的主轴转速及进给量。

（6）根据轴类零件的特点掌握其合理的加工工艺过程。

（7）加工出符合图纸要求的合格试件。

三、项目实施

1. 读图分析（见图 3-24）

根据图纸内容读取试件材料、数量、外形结构形状、尺寸及技术要求。

试件材料：45 号钢。

数　　量：4 件（等同单件）。

外形结构：为轴向对称回转体,有 5 段不同要求的台阶外圆柱和两处工艺台阶槽以及两个配合键槽（铣削加工）,需要车削外圆和端面。

基本尺寸：总长 240,5 段外圆柱尺寸分别为：ϕ40m6,70;ϕ50js5,30;ϕ60,25;ϕ50m6,70;ϕ42js5,45。两处台阶槽尺寸均为：3×1。两端倒角为：1×45°。

另外为键槽尺寸(此处不为车削加工不在给出)。

查表分别选取：$\phi 40m6$：$\phi 40^{+0.025}_{+0.009}$　　$\phi 50js5$：$\phi 50\pm 0.006$

$\phi 50m6$：$\phi 50^{+0.025}_{+0.009}$　　$\phi 42js5$：$\phi 42\pm 0.006$

技术要求：表面粗糙度为 $1.6~\mu m$，$3.2~\mu m$。

2. 选择设备、刀具、量具

根据读图信息分析综合考虑做一下选择：

加工设备：车床 C616 或 C618。

加工刀具：$45°$机夹(YG)硬质合金刀，$90°$机夹(YG)硬质合金右偏刀。

加工量具：游标卡尺(0~300)，千分尺(0~25；25~50；50~75)，直尺(0~500)。

加工辅助工具：三爪自动定心卡盘，毛刷，防护眼镜。

3. 制定加工工艺

毛坯：$\phi 65\times 250$　加工长度基准：$\phi 40$ 端平面

(1) 毛坯伸出卡盘 150，车削右端面至平整，划线 130，车削外圆至 $\phi 60\times 130$ (见图 3-16)。

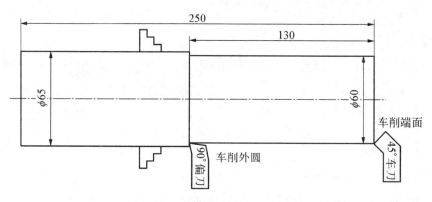

图 3-16　粗车外圆 $\phi 60\times 130$ mm

(2) 粗加工：车削外圆柱 $\phi 50.5\times 100$(见图 3-17)，车削外圆 $\phi 40.5\times 70$(见图 3-18)。

(3) 精加工：车削外圆 $\phi 50js5$ 和 $\phi 40m6$ 保障其外圆柱长度为 30 和 70(见图 3-19)。

(4) 车削台阶槽 3×1，倒角 $1\times 45°$(见图 3-20)。

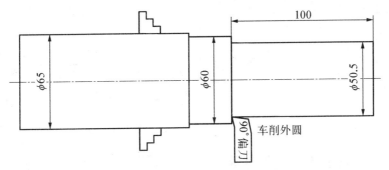

图 3 - 17　粗车外圆 ϕ50.5×100

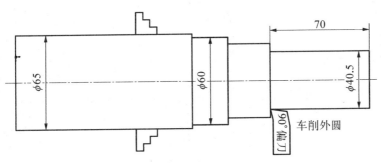

图 3 - 18　粗车外圆 ϕ40.5×70

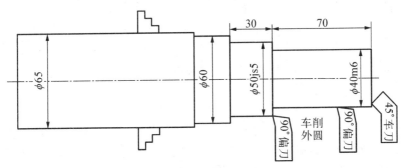

图 3 - 19　精车外圆 ϕ

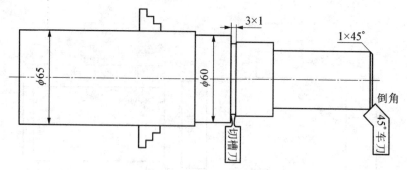

图 3-20 车台阶槽、倒角

（5）调头夹持 φ50js5 处，粗加工：车削外圆柱 φ50.5，保障 φ60 处长度不小于 25（见图 3-21）；粗车削外圆柱 φ42.5，保障 φ50 处长度不小于 70（见图 3-22）。

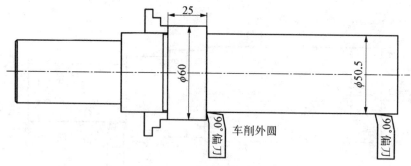

图 3-21　粗车外圆 φ50.5

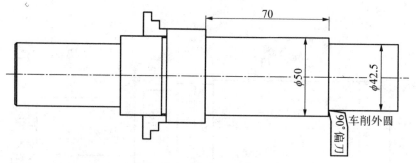

图 3-22　粗车外圆 φ42.5

（6）精加工：车削外圆柱 φ50m6，保障 φ60 处长度 25；车削外圆柱 φ42js5，保障 φ50 处长度 70，φ42 处长度为 45（见图 3-23）。

（7）车削台阶槽 3×1，倒角 1×45°（见图 3-24）。

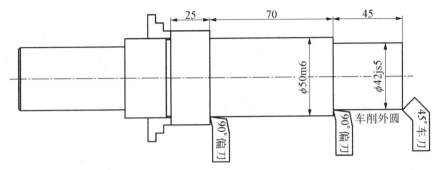

图 3-23　精车外圆 $\phi50$

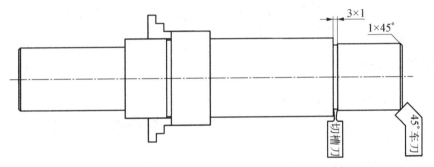

图 3-24　车台阶槽及倒角

（8）试件测量检验,进入后续铣削键槽工序。

4．加工小结

（1）熟悉车床各部分功能及操作流程。

（2）建立健全生产安全及产品质量意识。

（3）合理的选择、使用刀具。

（4）掌握合理的加工切削用量。

（5）掌握正确的量具使用方法。

（6）编制合理的加工工艺。

项目三　加工法兰盘

一、目的

通过试件的加工初步掌握盘状零件的加工工艺特点。

二、目标

(1) 会根据盘状零件的结构特点以及与其相配件的关系制定出合理的加工生产工艺。

(2) 进一步培养安全生产和产品质量意识。

(3) 熟练掌握合理使用量具和工具。

(4) 掌握合理的使用刀具。

(5) 掌握根据不同的加工要求使用不同的主轴转速及进给量。

(6) 掌握如何在车床上加工有精度要求的大孔。

(7) 加工出符合图纸要求的合格试件。

三、项目实施

1. 读图分析(见图 3 - 32)

根据图纸内容读取试件材料、数量、外形结构形状、尺寸及技术要求。

试件材料: 45 号钢。

数　　量: 小批量(100)。

外形结构: 工件为径向对称带大孔盘状回转体,需要车削外圆和端面,加工大孔。

基本尺寸: 外圆柱 $\phi220h7$,18,台阶处外圆柱 $\phi140h7$,16,内通孔 $\phi108H8$,四个等分螺纹孔 M18H8,分度圆 $\phi180H8$。

查表分别选取: $\phi220h7$: $\phi220_{-0.046}^{0}$　　$\phi180H8$: $\phi180_{0}^{+0.072}$

$\phi140h7$: $\phi140_{-0.025}^{0}$　　$\phi108H8$: $\phi108_{0}^{+0.054}$

M18H8: $M18_{0}^{+0.033}$

技术要求: 表面粗糙度分别为 1.6 μm,3.2 μm,6.3 μm;去毛刺;整件时效处理。

2. 选择设备、刀具、量具

根据读图信息分析综合考虑做一下选择:

加工设备: 车床 C616 或 C618。

加工刀具: 45°机夹(YG)硬质合金刀,90°机夹(YG)硬质合金右偏刀,45°机夹(YG)硬质合金镗孔刀,$\phi10$,$\phi30$,$\phi55$ 麻花钻头。

加工量具: 游标卡尺(0~300),千分尺(225~250),芯棒(配做)。

加工辅助工具：三爪自动定心卡盘，套筒，毛刷，防护眼镜。

3. 制定加工工艺

毛坯：$\phi230\times25$　加工厚度基准：无台阶平面。

(1) 毛坯内卡爪装夹划针找正，车削 A 端面至平整，多次打孔至 $\phi55$（见图 3 - 25）。

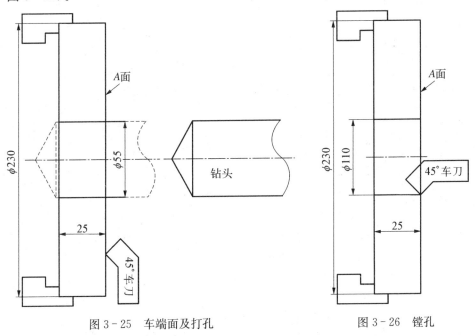

图 3 - 25　车端面及打孔　　　　　　图 3 - 26　镗孔

(2) 镗孔至 $\phi110$（游标卡尺测量）（见图 3 - 26）。

(3) 翻转工件用外卡爪内孔装夹，车削外圆柱 $\phi220h7$（千分尺测量），车削端面至厚度为 20 mm（见图 3 - 27）。

(4) 粗车削外圆台阶深度 2，外径 $\phi142$（游标卡尺测量）（见图 3 - 28）。

(5) 精车削外圆台阶 $\phi140h7$（千分尺测量）（见图 3 - 29）。

(6) 翻面内卡爪装夹，精车削端面 A 至厚度 18（游标卡尺测量）（见图 3 - 30）。

(7) 镗孔 $\phi108H8$（游标卡尺测量）（见图 3 - 31）。

(8) 加工小结车削加工部分加工完毕，检验进入后续工序（见图 3 - 32）。

4. 加工小结

(1) 进一步熟悉掌握车床各部分功能及操作流程。

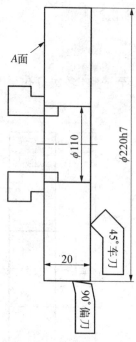

图 3-27 翻转装夹车端面

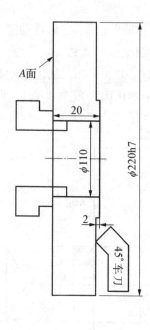

图 3-28 粗车外圆及台阶

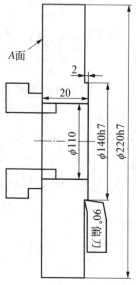

图 3-29 精车外圆及台阶

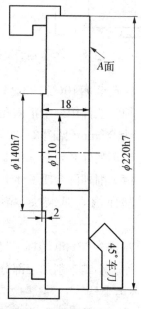

图 3-30 翻转装夹精车端面 A

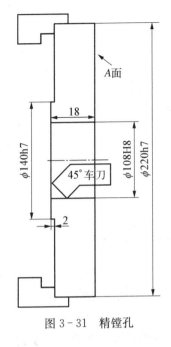

图 3-31　精镗孔

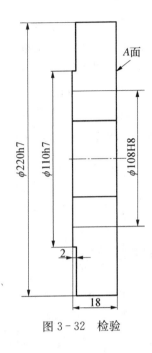

图 3-32　检验

（2）建立健全生产安全及优质产品质量观念。

（3）掌握合理的选择、使用刀具及相关工具。

（4）掌握合理的加工切削用量。

（5）掌握正确的量具使用方法。

（6）掌握编制合理的加工工艺。

项目四　外螺纹加工

一、目的

通过试件的加工进一步熟悉车床各部分功能应用,熟练掌握车工的基本操作,掌握螺纹加工的方法。建立安全生产以及产品质量意识。

二、目标

（1）进一步熟练掌握车床的基本操作过程。

（2）培养安全生产以及产品质量意识。

（3）熟练掌握合理使用量具。

（4）掌握合理地使用刀具。

（5）掌握根据不同的加工要求使用不同的主轴转速及进给量。

（6）根据零件的要求掌握外螺纹加工工艺过程。

（7）加工出符合图纸要求的合格试件。

三、项目实施

1. 读图分析（如图 3-39）

根据图纸内容读取试件材料、数量、外形结构形状、尺寸及技术要求。

试件材料：Q235 钢。

数　　量：2 件（算是单件）。

外形结构：加工件为轴向对称回转体，有 3 段不同要求的台阶外圆柱和 1 处螺纹退刀槽以及 2 处外螺纹加工，需要车削外圆和端面以及螺纹。

基本尺寸：总长 150，中间外圆柱尺寸为：$\phi25$，50；两处螺纹分别为：M20，30；M16，45；退刀槽尺寸为：3×1.5；两端倒角为：$1\times45°$。

技术要求：表面粗糙度 Ra 值为 $3.2~\mu m$。

2. 选择设备、刀具、量具

根据读图信息分析综合考虑做一下选择：

加工设备：车床 C616 或 C618。

加工刀具：45°白钢刀，90°白钢刀，60°螺纹白钢刀。

加工量具：游标卡尺（0～300），千分尺（0～25），直尺（0～500），牙型量规。

加工辅助工具：三爪自动定心卡盘，毛刷，防护眼镜。

3. 制定加工工艺

毛坯：$\phi30\times155$　　加工长度基准：M20 端平面

（1）毛坯伸出卡盘 90，车削右端面至平整，划线 80，车削外圆至 $\phi25\times85$（见图 3-33）。

（2）车削外圆柱 $\phi20$，长度 30，车削退刀槽 3×1.5，倒角 $1\times45°$（见图 3-34）。

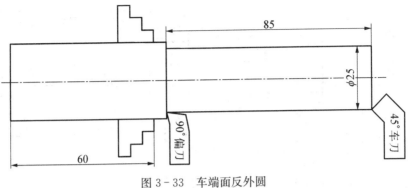

图 3-33　车端面反外圆

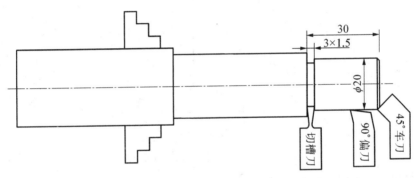

图 3-34　车台阶、退刀槽及倒角

（3）车削螺纹 M20（见图 3-35）。

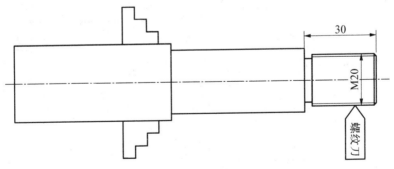

图 3-35　车螺纹

（4）调头夹持 $\phi25$，伸出卡盘长度为 80，车削外圆柱 $\phi16$，并保障 $\phi25$，$\phi16$ 外圆柱长度分别为 50，70（见图 3-36）。

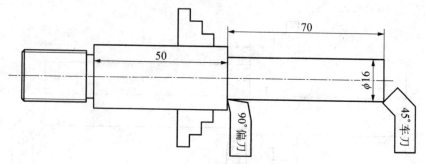

图 3-36 调头车外圆

（5）画螺纹终止线 45,倒角 1×45°(见图 3-37)。

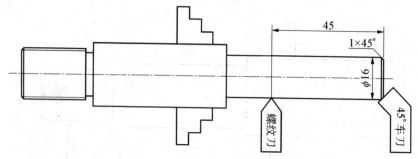

图 3-37 画出螺纹终止线并倒角

（6）车削外螺纹 M16(见图 3-38)。

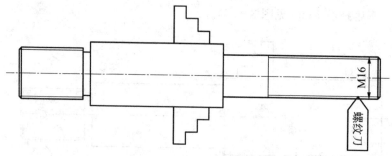

图 3-38 车外螺纹

（7）试件测量检验入库(见图 3-39)。

4．加工小结

（1）熟悉车床各部分功能及操作流程。

（2）建立健全生产安全及产品质量意识。

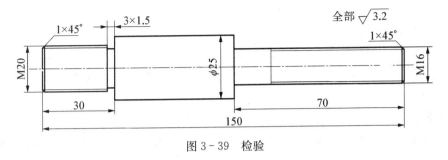

图 3-39　检验

（3）合理的选择、使用刀具。

（4）掌握合理的加工切削用量。

（5）掌握正确的量具使用方法。

（6）掌握螺纹加工的方法。

（7）编制合理的加工工艺。

项目五　综合加工练习

一、目的

通过试件的加工考察其对于车削加工的综合应用能力,即外圆、端面、沟槽、孔洞、螺纹、特殊面等加工工艺和设备、工具、量具、刀具的合理使用,并能够建立起安全生产以及产品质量的意识。

二、目标

（1）进一步熟练掌握车床的基本操作过程,特别是掌握综合应用能力。

（2）建立起安全生产以及产品质量意识。

（3）熟练掌握合理使用量具。

（4）掌握合理地使用刀具。

（5）掌握根据不同的加工要求使用不同的主轴转速及进给量。

（6）根据零件的要求综合考虑制定出合理的加工工艺过程。

（7）加工出符合图纸要求的合格试件。

三、项目实施

1. 读图分析(见图 3 - 39)

根据图纸内容读取试件材料、数量、外形结构形状、尺寸及技术要求。

试件材料:Q235 钢。

数　　量:单件。

外形结构:加工件为轴向对称回转体,有 4 段不同要求的台阶外圆柱和 1 处螺纹退刀槽以及 1 处外螺纹加工,1 段内孔,1 段锥度面,1 段滚花外圆。需要车削外圆和端面,以及车削外螺纹,钻孔,镗孔,滚花外圆。

基本尺寸:总长 150,3 段外圆柱尺寸分别为:($\phi25,30$),($\phi50,40$),($\phi45,50$);内孔为:($\phi30,35$);1 处外螺纹为:(M20,30);退刀槽尺寸为:3×1.5;锥度为 1:2;两端倒角为:$1\times45°$。

技术要求:表面粗糙度为 3.2 μm。

2. 选择设备、刀具、量具

根据读图信息分析综合考虑做以下选择:

加工设备:车床 C616 或 C618。

加工刀具:45°白钢刀,90°白钢刀,30 螺纹白钢刀,90°内孔白钢镗刀,$\phi10$,$\phi18$,$\phi28$ 钻头。

加工量具:游标卡尺(0～300),千分尺(0～25,25～50),直尺(0～500),牙型量规。

加工辅助工具:三爪自动定心卡盘,毛刷,防护眼镜。

3. 制定加工工艺

毛坯:$\phi53\times155$　　加工长度基准:M20 端平面

(1)毛坯伸出卡盘 90,车削右端面至平整,划线 62,车削外圆至 $\phi25\pm0.10\times62$(见图 3 - 40)。

(2)车削外圆柱 $\phi20$,保障外圆柱 $\phi25$ 和 $\phi20$ 的长度分别为 30,右端倒角 $1\times45°$(见图 3 - 41)。

(3)车削退刀槽 3×1.5,车削外螺纹 M20(见图 3 - 42)。

(4)车削 1:2 锥度面,小径处为 $\phi32$(见图 3 - 43)。

(5)调头装夹 $\phi25$ 外圆处,车削端面至平整并保障其长度为 90,车削外圆 $\phi50$(见图 3 - 44)。

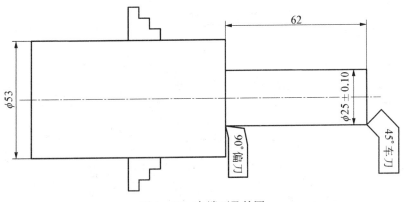

图 3-40 车端面及外圆

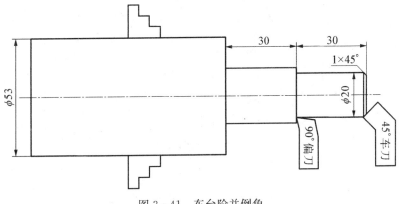

图 3-41 车台阶并倒角

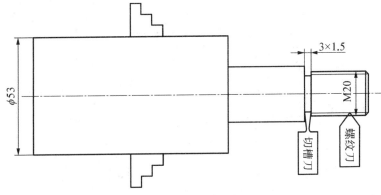

图 3-42 车退刀槽及外螺纹

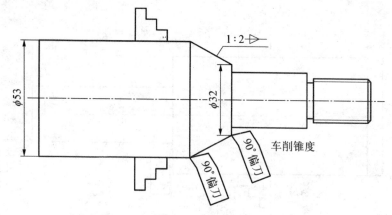

图 3 - 43 车锥面

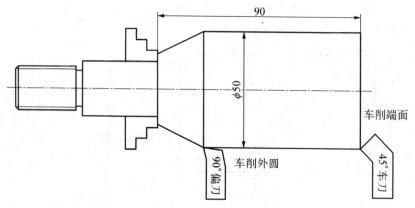

图 3 - 44 调头车外圆

（6）车削外圆柱 $\phi 45 \pm 0.10$，保障长度为 50（见图 3 - 45）。

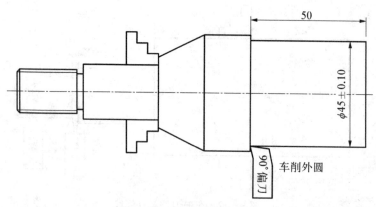

图 3 - 45 车台阶面及外圆

(7) 分别用 $\phi10,\phi18,\phi28$ 钻头分别钻孔,孔深为 35(见图 3-46)。

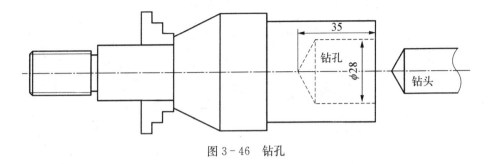

图 3-46　钻孔

(8) 镗孔 $\phi35$,保障孔深度为 35(见图 3-47)。

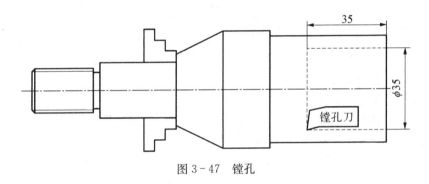

图 3-47　镗孔

(9) $\phi50$ 外圆面滚花,右端内孔 $1\times45°$ 倒角(见图 3-48)。

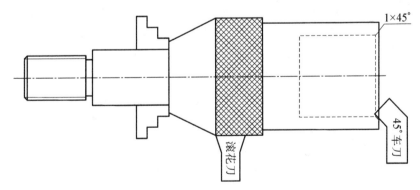

图 3-48　滚花及内孔倒角

(10) 试件测量检验入库(见图 3-49)。

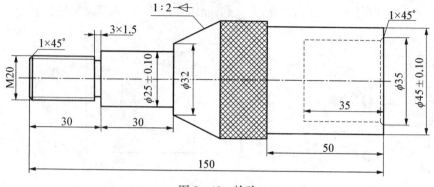

图 3-49　检验

4. 加工小结

（1）熟悉车床各部分功能及操作流程。

（2）建立健全生产安全及产品质量意识。

（3）合理地选择、使用刀具。

（4）掌握合理的加工切削用量。

（5）掌握正确的量具使用方法。

（6）掌握综合应用设备。

（7）编制合理的加工工艺。

附录 1　车工实训基础知识

习　题　一

一、解释下列名词术语

1. 前角。　2. 主偏角。　3. 花盘。　4. 切削用量三要素。

二、判断题

1. 机床转速减慢,进给量加快,可使工件表面光洁。
2. 车床膛孔比车外圆困难些,故切削用量要比车外圆选取得小些。
3. 主轴箱的作用是把电动机的转动传递给主轴,以带动工件作旋转运动。改变其控制手柄位置,可使主轴获得多种转速。
4. 加工余量的分配与工序性质有关。一般粗加工时余量大,精加工时余量小。
5. 在车床上镗孔,若刀杆细长,则容易出现锥形误差。
6. 45°弯头刀既能车外圆又能车端面。
7. 镗孔只能在钻孔的基础上进行,不能对已铸的或已锻出的孔进行加工。
8. 精车时进行试切,其目的是为了保证表面的形状精度。
9. 滚花后工件的直径大于滚花前工件的直径。

三、填空

1. 在普通车床上可完成_____、_____、_____、_____、_____、_____、_____、_____、_____、_____、_____等工作。

2. 车床的切削用量是指＿＿＿＿＿＿＿、＿＿＿＿＿＿＿、＿＿＿＿＿＿＿。其符号和单位分别为＿＿＿＿＿、＿＿＿＿＿、＿＿＿＿＿＿。

3. 刀具切削部分的材料应具备＿＿＿＿＿、＿＿＿＿＿、＿＿＿＿＿、＿＿＿＿＿＿等。

4. 常用刀具材料有＿＿＿＿＿＿、＿＿＿＿＿、＿＿＿＿＿、＿＿＿＿＿和＿＿＿＿＿。目前用得最多的为＿＿＿＿＿＿＿和＿＿＿＿＿＿＿＿＿。

5. 你使用的车刀刀头的材料是＿＿＿＿＿＿＿＿＿＿＿＿＿。

6. 切削用量三要素是指＿＿＿＿＿＿、＿＿＿＿＿和＿＿＿＿＿。

四、选择题

1. 在车床上钻孔,容易出现(　　)。
   (A) 孔径扩大　　　　　　　　(B) 孔轴线偏斜
   (C) 孔径缩小　　　　　　　　(D) 孔轴线偏斜＋孔径缩小

2. 车外圆时,若主轴转速调高,则进给量(　　)。
   (A) 按比例变大　　　　　　　(B) 不变
   (C) 变小　　　　　　　　　　(D) 自动变化

3. 车细长轴时,由于径向力的作用,车削的工件易出现(　　)。
   (A) 腰鼓形　　　(B) 马鞍形　　　(C) 锥形

4. 工件整个长度上同心度最好的装夹是(　　)。
   (A) 三爪卡盘　　　　　　　　(B) 四爪卡盘
   (C) 双顶尖加鸡心夹头　　　　(D) 套筒夹头

5. 车端面时产生振动的原因是(　　)。
   (A) 刀尖磨损　　　　　　　　(B) 车床主轴或刀台振动
   (C) 切削接触面过大　　　　　(D) A、B、C 均可能

6. 应用中心架与跟刀架的车削,主要用于(　　)。
   (A) 复杂零件　　　(B) 细长轴　　　(C) 长锥体　　　(D) 螺纹件

7. CA6140 车床钢带式制动器的作用是(　　)。
   (A) 起保险作用　　　　　　　(B) 防止车床过载
   (C) 提高生产效率　　　　　　(D) 刹车

8. 文明生产应该(　　)。
   (A) 磨刀时应站在砂轮侧面　　(B) 短切屑可用手清除
   (C) 量具放在顺手的位置　　　(D) 千分尺可当卡规使用

9. 夹紧元件对工件施加夹紧力的大小应（   ）。

（A）大 　　　　（B）适当 　　　　（C）小 　　　　（D）任意

10. 刀具角度中对切削力影响最大的是（   ）。

（A）前角 　　　　（B）后角 　　　　（C）主偏角 　　　　（D）刃倾角

五、问答题

1. 选择切削速度要考虑哪些因素？这些因素对切削速度有什么影响？

2. 简述车锥体的方法、适用范围。车锥体时车刀安装要求及锥体检验方法。

六、综合题

1. 标出图 1 中车刀主要角度，以及工件上的三个变化表面。并简述各刀具角度的作用。

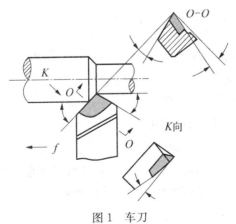

图 1　车刀

γ_0 的作用是＿＿＿＿＿＿＿＿＿＿＿＿＿＿＿＿＿＿＿＿＿＿＿＿＿＿＿；

α_0 的作用是＿＿＿＿＿＿＿＿＿＿＿＿＿＿＿＿＿＿＿＿＿＿＿＿＿＿＿；

κ_γ 的作用是＿＿＿＿＿＿＿＿＿＿＿＿＿＿＿＿＿＿＿＿＿＿＿＿＿＿；

κ'_γ 的作用是＿＿＿＿＿＿＿＿＿＿＿＿＿＿＿＿＿＿＿＿＿＿＿＿＿；

λ_s 的作用是＿＿＿＿＿＿＿＿＿＿＿＿＿＿＿＿＿＿＿＿＿＿＿＿＿＿。

三个变化表面:(1) ＿＿＿＿＿＿＿＿＿＿＿＿＿＿＿＿＿＿＿＿＿＿＿；

(2) ＿＿＿＿＿＿＿＿＿＿＿＿＿＿＿＿＿＿＿＿＿；

(3) ＿＿＿＿＿＿＿＿＿＿＿＿＿＿＿＿＿＿＿＿＿。

2. 简述车床安全操作规程。

习　题　二

一、解释下列名词术语

1. 后角。　　2. 副偏角。　　3. 切削加工。　　4. 跟刀架。

二、判断题

1. 机床转速加快,刀具走刀量不变。

2. 切削速度就是指机床转速。

3. 粗车时,切削深度较大,为了减少切削阻力,车刀应取较大的前角。

4. 高速钢车刀可用于高速切削。

5. 车锥角 60°的圆锥表面,应将小拖板转过 60°。

6. 切削加工时,由于机床不同,主运动也不同。主运动可以是一个或有几个。

7. 在同样的切削条件下,进给量 f 越小,则表面粗糙度 Ra 值越大。

8. 车削螺纹时,当车床纵向丝杠螺距能被工件螺距整除时,则多次打开对合螺母,摇回大拖板,也不会造成"乱扣"现象。

9. 在车床上钻孔和在钻床上钻孔一样,钻头既作主运动又作进给运动。

三、填空

1. 车床的主运动是_____;进给运动有_____。

2. 车削加工的尺寸精度较宽,一般可达_____,表面粗糙度 Ra(轮廓算术平均高度)数值范围一般是_____。

3. YG 表示_____类硬质合金,适合加工_____材料。YT 表示_____类硬质合金,适合加工_____材料。粗加工时各选用牌号_____和_____;精加工时各选用牌号是_____和_____。

4. 车削加工所能达到的尺寸公差等级一般为_____;表面粗糙度 Ra 值一般为_____。

5. 粗车就是尽快切去毛坯上的大部分_____,但得留有一定的_____余量。粗车的切削用量较大,故粗车刀要有足够的_____,以便能承受较大的_____。

6. 零件的机械加工质量包括:(1) 加工精度:又分为_____精度、_____精度和_____精度。
   (2)_____度——即被加工表面的微观几何形状误差。

四、选择题

1. 工件的表面粗糙度 Ra 值越小,则工件的尺寸精度(   )。
   (A) 越高   (B) 越低   (C) 不一定

2. 精车时,切削用量的选择,应首先考虑(   )。
   (A) 切削速度   (B) 切削深度   (C) 进给量

3. 安装车刀时,刀尖比工件中心应(   )。
   (A) 高于   (B) 低于   (C) 等高

4. 车外圆时,车刀刀尖高于工件轴线则会产生(   )。
   (A) 加工面母线不直   (B) 圆度产生误差
   (C) 车刀后角增大,前角减小

5. 切断时,防止振动的方法是(   )。
   (A) 减小进给量   (B) 提高切削速度
   (C) 增大车刀前角   (D) 增加刀头宽度

6. 车刀上切屑流过的表面称为(　　　)。

(A) 切削平面　　　(B) 前刀面　　　　(C) 主后刀面　　　(D) 副后刀面

五、问答题

1. 简述三爪卡盘和四爪卡盘适用的范围和特点。

2. 制定车削加工工艺时应注意哪些问题?

六、综合题

1. 根据你学习的体会,降低零件表面粗糙度值的主要措施有哪些?（最少答三条）

2. 在车床上加工表1中各类工件表面,试选择刀刃具并写出刀刃具名称(填入表2内)。

表1　工　　件

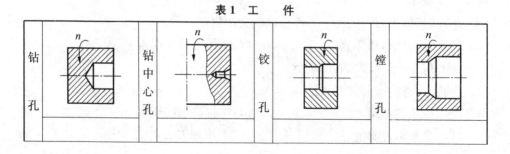

钻孔		钻中心孔		铰孔		镗孔	

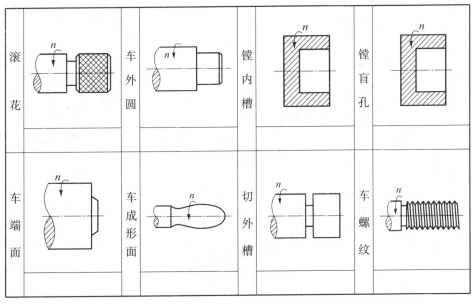

<table>
<tr><td>滚花</td><td></td><td>车外圆</td><td></td><td>镗内槽</td><td></td><td>镗盲孔</td><td></td></tr>
<tr><td>车端面</td><td></td><td>车成形面</td><td></td><td>切外槽</td><td></td><td>车螺纹</td><td></td></tr>
</table>

表2　刀刃具

1		2		3		4	
名称		名称		名称		名称	
5		6		7		8	
名称		名称		名称		名称	
9		10		11		12	
名称		名称		名称		名称	

3. 制定榔头柄的车削加工工序卡。

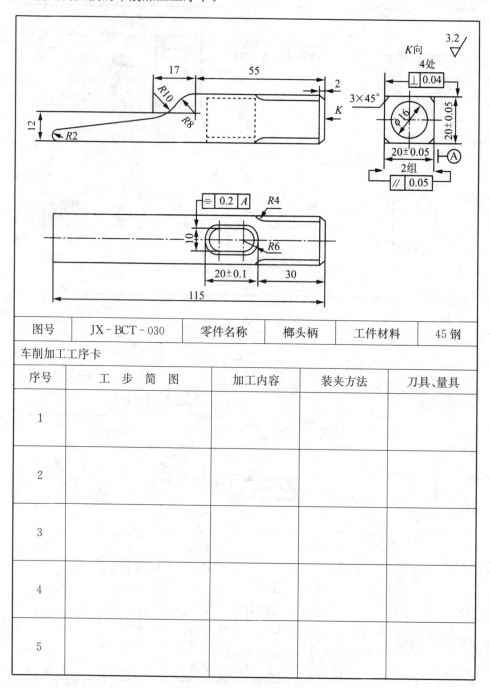

图号	JX-BCT-030	零件名称	榔头柄	工件材料	45钢

车削加工工序卡

序号	工 步 简 图	加工内容	装夹方法	刀具、量具
1				
2				
3				
4				
5				

习　题　三

一、解释下列名词术语

1. 刃倾角。　2. "乱扣"。　3. 表面粗糙度。　4. 中心架。

二、判断题

1. 车外圆时也可以通过丝杠传动,实现纵向自动走刀。　　　　　　（　　）
2. 零件表面粗糙度数值越高,它的表面越粗糙。　　　　　　　　　（　　）
3. 主轴箱的作用是把电动机的转动传递给主轴,以带动工件作旋转运动。改变其控制手柄位置,可使主轴获得多种转速。　　　　　　　　　（　　）
4. 工件的表面粗糙度是切削过程中的振动、刀刃或磨粒摩擦留下的加工痕迹。
　　　　　　　　　　　　　　　　　　　　　　　　　　　　　　（　　）
5. 偏移尾座法既能车外锥面又能车内锥面。　　　　　　　　　　　（　　）
6. 右偏刀只能车外圆,不能车端面。　　　　　　　　　　　　　　（　　）
7. 刀具的强度越好,允许的切削速度越高。　　　　　　　　　　　（　　）
8. 组合夹具的零、部件,有良好的耐磨性才能相互组合。　　　　　（　　）
9. 弹簧夹头是车床上常用的典型夹具,它能夹紧。　　　　　　　　（　　）
10. 在主截面内测量的刀具基本角度有主偏角。　　　　　　　　　（　　）

三、填空

1. 加工余量的定义是_____。
2. 切削加工的质量指标包括_____和_____。
3. 国家标准规定尺寸精度分为_____级,每级以 IT 后面加数字表示,数字越大其精度越_____。
4. 机床的切削运动有_____、_____两类。车床上工件的旋转运动属于_____;刀具的纵向(或横向)运动属于_____运动。
5. 车床中拖板手柄刻度盘的每格刻度值为 0.05 mm,如果将直径 ϕ50.8 mm 的工件车至 ϕ49.2 mm,应将刻度盘转过_____格。

6. 你在实习中使用的车床其主轴最低转速为_____，最高转速为_____，共有_____种正转速，刀架的纵向、横向进给量各_____种，能穿过主轴孔的棒料最大直径是_____mm，其丝杠螺距为_____。

四、选择题

1. 在车床上钻孔，容易出现(   )。
   (A) 孔径扩大　　　　　　　　(B) 孔轴线偏斜
   (C) 孔径缩小　　　　　　　　(D) 孔轴线偏斜＋孔径缩小

2. 车轴件外圆时，若前后顶尖中心偏移而不重合，车出的外圆会出现(   )。
   (A) 椭圆　　　　(B) 锥度　　　　(C) 不圆度　　　　(D) 鼓形

3. 车削加工时，如果需要更换主轴转速应(   )。
   (A) 先停车，再变速　　　　　(B) 工件旋转时直接变速
   (C) 点动开关变速

4. 在普通车床上主要加工(   )。
   (A) 带凸凹的零件　　　　　　(B) 盘、轴、套类零件
   (C) 平面零件

5. 车床通用夹具能自动定心的是(   )。
   (A) 四爪卡盘　　　(B) 三爪卡盘　　　(C) 花盘

6. 车端面时，车刀从工件圆周表面向中心走刀，其切削速度是(   )。
   (A) 不变的　　　(B) 逐渐增加　　　(C) 逐渐减少

7. 为了保证安全，车床开动后，哪些动作不能做?(   )
   (A) 不能改变主轴转速　　　　(B) 不能改变进给量
   (C) 不能加大切深　　　　　　(D) 不能量尺寸

五、问答题

1. 制定车削加工工艺时应注意哪些问题?

2. 选择切削速度要考虑哪些因素？这些因素对切削速度有什么影响？

六、综合题

1. 标出图 1 中偏刀各部分名称。

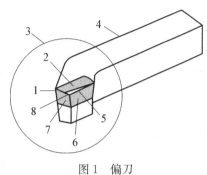

图 1   偏刀

   1. _____   2. _____

   3. _____   4. _____

   5. _____   6. _____

   7. _____   8. _____

2. 根据图 2 所示写出车床各组成部分的名称,并简要说明其作用。

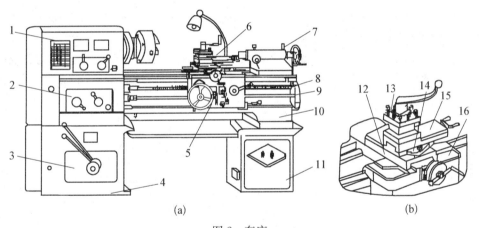

(a)   (b)

图 2   车床

序　号	名　　称	主　要　作　用
1		
2		
3		
4		
5		
6		

序　号	名　称	主 要 作 用
7		
8		
9		
10		
11		
12		
13		
14		
15		
16		

3. 将你的创新作品工艺过程填入下表。

作品名称：				
零件简图		加工说明	毛坯种类和材料	
			加工方法	
			其他	
加　工　工　序				
序号	工序名称	工　艺　内　容		备注

七、车床安全知识填空题

1. 工作前要穿戴好劳动保护用品,禁止_____。检查机床是否正常,走刀手柄放在_____位置。

2. 操作时站立位置不要_____卡盘,以防工件_____发生事故。

3. 工件要装夹牢固,卡盘扳手用完后要_____,不许留在_____上,以防止开动机床时飞出,发生人身伤害事故。

4. 机床运转中严禁_____及擦拭工件,以防发生事故。必须待主轴_____后,方可进行测量。

5. 工作中铁屑要及时用_____清除,刀架附近不准堆积铁屑。但不能直接_____清铁屑,以防发生事故。

6. 采用自动走刀时,不准_____机床,以防发生事故。必须离开时,要_____。

7. 工作结束离开机床或遇到停电,应立即_____电源,并将各手柄扳回到_____位置。

习 题 四

一、解释下列名词术语

1. 外径千分尺。 2. 百分表。 3. 游标卡尺。 4. 直角尺。

二、判断题

1. 圆柱塞规长的一端是止端,短的一端是通端。 （ ）

2. 千分尺又称分厘卡,可以测量工件的内径、外径和深度等。 （ ）

3. 为了使测出毛坯的尺寸精确些,可采用游标卡尺测量。 （ ）

4. 用百分表测量工件的长度,能得到较精确的数值。 （ ）

三、填空

1. 金属直尺为普通测量_____用的简单_____,一般用矩形_____制成,两边刻有_____。

2. 金属直尺的用途为：_____、_____、_____、_____等。

3. 常用直角尺的型式有：_____、_____、_____、_____几种,在实训中你使用的直角尺型式为_____。

4. 宽座直角尺中,0 级精度用于检验精密_____,1 级精度用于检验精密_____,2 级精度用于检验一般_____。

5. 游标万能角度尺是用于测量各种形状_____与_____的内、外角度以及_____划线。

6. 分度值为 0.02 的游标卡尺,当游标的零刻线与尺身的零刻线对准时,尺身刻线的第_____格,与_____刻线的第_____格对齐。

7. 游标卡尺从结构上区分,可分为：_____、_____和_____；测量范围从_____mm 到_____mm；分度值有_____、_____、_____。

8. 游标卡尺可测量精度在_____级的工件,深度游标卡尺可测量精度在_____级工件的高度和深度,高度游标卡尺可测量精度在_____级或低于_____级工件的高度尺寸。

9. 测微螺杆的直线位移与角位移成_____关系,测微螺杆的螺距为_____mm。

10. 测微头主要由两部分组成：一是_____部分,二是_____部分。

11. 外径千分尺是_____过程中常用的_____量具,其结构基本符合_____原则,并有_____装置,可测量精度为_____级工件的各种尺寸,如_____、_____、_____等。

12. 百分表主要用于_____测量或_____测量工件的_____尺寸,几何_____偏差,也可用于检验机床_____精度或调整加工工件装夹_____偏差。

四、问答题

1. 请分别回答游标卡尺的刻线原理是什么？外径千分尺的工作原理是什么？百分表的工作原理是什么？

2. 用游标卡尺进行测量怎么去读数?

3. 用内径指示表测量 $\phi50\pm0.1$ 这样一个孔,怎么去量? 如果测量时孔的偏差处在内径指示表与外径千分尺所对零位的顺时针方向两个小格位置,那么这个孔的实际尺寸是多少? 这个工件为合格还是不合格?

五、综合题

1. 请将图1、图2、图3三种量具的各部分名称标注出来。

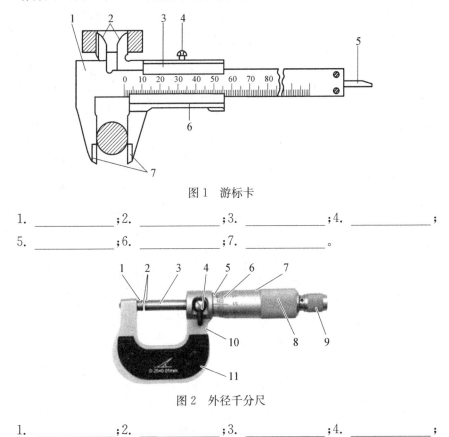

图1　游标卡

1. _____ ;2. _____ ;3. _____ ;4. _____ ;
5. _____ ;6. _____ ;7. _____ 。

图2　外径千分尺

1. _____ ;2. _____ ;3. _____ ;4. _____ ;

5. _____;6. _____;7. _____;8. _____;

9. _____;10. _____。

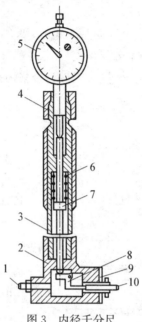

图 3　内径千分尺

1. _____;2. _____;3. _____;4. _____;

5. _____;6. _____;7. _____;8. _____;

9. _____;10. _____;11. _____;12. _____;

2. 请说出图 4 工件标注尺寸的地方,在测量时,各用什么量具进行测量?

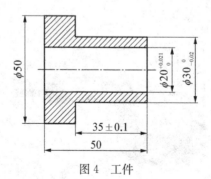

图 4　工件

附录2 车工中级工考试
试题（基本理论）

单项选择

1. CA6140 型车床在刀架上的最大工件回转直径是(　　)mm。
   (A) 190　　　　　(B) 210　　　　　(C) 280　　　　　(D) 200

2. 在三爪卡盘上车偏心工件,已知 $D = 60\ mm$,偏心距 $e = 3\ mm$,试车削后,
   实测偏心距为 2.94 mm,则正确的垫片厚度为(　　)mm。
   (A) 4.41　　　　(B) 4.59　　　　(C) 3　　　　　　(D) 4.5

3. 砂轮的硬度是指磨粒的(　　)。
   (A) 粗细程度　　　　　　　　　(B) 硬度
   (C) 综合机械性能　　　　　　　(D) 脱落的难易程度

4. 在两顶尖之间测量偏心距时,百分表测得的数值为(　　)。
   (A) 偏心距　　　　　　　　　　(B) 两倍偏心距
   (C) 偏心距的一半　　　　　　　(D) 两偏心圆直径之差

5. CA6140 型卧式车床主轴箱Ⅲ到Ⅴ轴之间的传动比实际上有(　　)种。
   (A) 四　　　　　(B) 六　　　　　(C) 三　　　　　(D) 五

6. 保证工件在夹具中占有正确的位置的是(　　)装置。
   (A) 定位　　　　(B) 夹紧　　　　(C) 辅助　　　　(D) 车床

7. CA6140 车床钢带式制动器的作用是(　　)。
   (A) 起保险作用　　　　　　　　(B) 防止车床过载
   (C) 提高生产效率　　　　　　　(D) 刹车

8. 文明生产应该(　　)。
   (A) 磨刀时应站在砂轮侧面　　　(B) 短切屑可用手清除

（C）量具放在顺手的位置　　　　　　　　（D）千分尺可当卡规使用

9. 夹紧元件对工件施加夹紧力的大小应（　　　）。

（A）大　　　　　　（B）适当　　　　　　（C）小　　　　　　（D）任意

10. 刀具角度中对切削力影响最大的是（　　　）。

（A）前角　　　　　　（B）后角　　　　　　（C）主偏角　　　　　　（D）刃倾角

11. CA6140 型车床，为了使滑板的快速移动和机动进给自动转换，在滑板箱中装有（　　　）。

（A）过载保护机构　　　　　　　　　　（B）互锁机构

（C）安全离合器　　　　　　　　　　（D）超越离合器

12. 工序集中到极限时，把零件加工到图样规定的要求为（　　　）工序。

（A）一个　　　　　　（B）二个　　　　　　（C）三个　　　　　　（D）多个

13. 已知米制梯形螺纹的公称直径为 40 mm，螺距 $P = 8$ mm，牙顶间隙 $AC = 0.5$ mm，则外螺纹牙高为（　　　）mm。

（A）4.33　　　　　　（B）3.5　　　　　　（C）4.5　　　　　　（D）4

14. 刀具的（　　　）越好，允许的切削速度越高。

（A）韧性　　　　　　（B）强度　　　　　　（C）耐磨性　　　　　　（D）红硬性

15. 当圆锥角（　　　）时，可以用近似公式计算圆锥半角。

（A）$\alpha < 6°$　　　　　　（B）$\alpha < 3°$　　　　　　（C）$\alpha < 12°$　　　　　　（D）$\alpha < 8°$

16. 被加工表面回转轴线与（　　　）互相垂直，外形复杂的工件可装夹在花盘上加工。

（A）基准轴线　　　　　　（B）基准面　　　　　　（C）底面　　　　　　（D）平面

17. 组合夹具的零、部件，有良好的（　　　）才能相互组合。

（A）硬度　　　　　　（B）耐磨性　　　　　　（C）连接　　　　　　（D）互换性

18. 对夹紧装置的基本要求中"牢"字其含义是指（　　　）。

（A）夹紧后，应保证工件在加工过程中的位置不发生变化

（B）夹紧时，应不破坏工件的正确定位

（C）夹紧迅速

（D）结构简单

19. 牛头刨床适宜于加工（　　　）零件。

（A）机座类　　　　　　　　　　（B）床身导轨

（C）箱体类　　　　　　　　　　（D）小型平面、沟槽

20. 弹簧夹头是车床上常用的典型夹具,它能(　　)。

    (A) 定心　　　　　　　　　　　(B) 定心又能夹紧

    (C) 定心不能夹紧　　　　　　　(D) 夹紧

21. 测量多线蜗杆时,一般用齿厚卡尺测蜗杆的(　　),用单针测量法测量分度圆上的槽宽。

    (A) 槽宽　　　　　(B) 齿厚　　　　　(C) 中径　　　　　(D) 直径

22. 车削细长轴时,为了减少径向切削力而引起细长轴的弯曲,车刀的主偏角应选为(　　)。

    (A) 100°　　　　　(B) 80°~93°　　　　(C) 60°~75°　　　　(D) 45°~60°

23. 精车梯形螺纹时,为了便于左右车削,精车刀的刀头宽度应(　　)牙槽底宽。

    (A) 小于　　　　　(B) 等于　　　　　(C) 大于　　　　　(D) 超过

24. 深孔加工主要的关键技术是深孔钻的(　　)问题。

    (A) 冷却排屑　　　　　　　　　(B) 钻杆刚性和冷却排屑

    (C) 几何角度　　　　　　　　　(D) 几何形状和冷却排屑

25. 在主截面内测量的刀具基本角度有(　　)。

    (A) 刃倾角　　　　　　　　　　(B) 前角和刃倾角

    (C) 前角和后角　　　　　　　　(D) 主偏角

26. 车削直径为 25 mm,长度为 1 200 mm 的细长轴,材料为 45 钢,车削时因受切削热影响,使工件温度由 21℃ 上升到 61℃,45 钢的线膨胀系数 $\alpha = 11.59 \times 10-61/℃$,则这根轴的伸长量为(　　)mm。

    (A) 0.289　　　　　(B) 0.848　　　　　(C) 0.556　　　　　(D) 0.014

27. 切削层的尺寸规定在刀具(　　)中测量。

    (A) 切削平面　　　　(B) 基面　　　　　(C) 主截面　　　　(D) 副截面

28. 磨削加工砂轮的旋转是(　　)运动。

    (A) 工作　　　　　(B) 磨削　　　　　(C) 进给　　　　　(D) 主

29. 机床工作时,为防止丝杠传动和机动进给同时接通而损坏机床,在滑板箱中设有(　　)。

    (A) 安全离合器　　　　　　　　(B) 脱落蜗杆机构

    (C) 互锁机构　　　　　　　　　(D) 开合螺母

30. 用三个支承点对工件的平面进行定位,能消除其(　　)自由度。

(A) 三个平动　　　　　　　　　　　(B) 三个转动

(C) 一个平动两个转动　　　　　　(D) 一个转动两个平动

31. 用硬质合金车刀加工时,为减轻加工硬化,不易取(　　)的进给量和切削深度。

(A) 过小　　　(B) 过大　　　(C) 中等　　　(D) 较大

32. 硬质合金可转位车刀的特点是(　　)。

(A) 刀片耐用　　(B) 不易打刀　　(C) 夹紧力大　　(D) 节约刀杆

33. M7120A 是应用较广的平面磨床,磨削尺寸精度一般可达(　　)。

(A) IT12　　　(B) IT10　　　(C) IT7　　　(D) IT5

34. 工件长度与直径之比(　　)25 倍时,称为细长轴。

(A) 小于　　　(B) 等于　　　(C) 大于　　　(D) 不等于

35. 当(　　)时,可减小表面粗糙度。

(A) 减小刀尖圆弧半径　　　　　　(B) 采用负刃倾角车刀

(C) 增大主偏角　　　　　　　　　(D) 减小进给量

36. 垫圈放在磁力工作台上磨平面,属于(　　)定位。

(A) 部分　　　(B) 完全　　　(C) 欠　　　(D) 重复

37. 当精车延长渐开线蜗杆时,车刀左右两刃组成的平面应(　　)装刀。

(A) 与轴线平行　　(B) 与齿面垂直　　(C) 与轴线倾斜　　(D) 与轴线等高

38. 当(　　)时,可提高刀具寿命。

(A) 主偏角大　　(B) 材料强度高　　(C) 高速切削　　(D) 使用冷却液

39. 在普通车床上以 400 r/min 的速度车一直径为 40 mm,长 400 mm 的轴,此时采用 $f = 0.5$ mm/r,$a_p = 4$ mm,车刀主偏角 45°,沿着轴的长度方向车削一刀需(　　)分钟。

(A) 2　　　(B) 2.02　　　(C) 2.04　　　(D) 1

40. 多片式摩擦离合器的内外摩擦片在松开状态时的间隙太大,易产生(　　)现象。

(A) 停不住车　　　　　　　　　　(B) 开车手柄提不到位

(C) 掉车　　　　　　　　　　　　(D) 闷车

41. 选择粗基准时应选择(　　)的表面。

(A) 大而平整　　　　　　　　　　(B) 比较粗糙

(C) 加工余量小或不加工　　　　　(D) 小而平整

42. 切断刀的副偏角一般选（　　　）。

(A) 6°～8°　　　(B) 20°　　　(C) 1°～1.5°　　　(D) 45°～60°

43. 硬质合金的耐热温度为（　　　）℃。

(A) 300～400　　(B) 500～600　　(C) 800～1 000　　(D) 1 100～1 300

44. 车螺纹时,在每次往复行程后,除中滑板横向进给外,小滑板只向一个方向作微量进给,这种车削方法是（　　　）法。

(A) 直进　　　(B) 左右切削　　　(C) 斜进　　　(D) 车直槽

45. 在切削金属材料时,属于正常磨损中最常见的情况是（　　　）磨损。

(A) 前刀面　　　(B) 后刀面　　　(C) 前、后刀面　　　(D) 切削平面

46. 刀具（　　　）重磨之间纯切削时间的总和称为刀具寿命。

(A) 多次　　　(B) 一次　　　(C) 两次　　　(D) 无数次

47. 在丝杆螺距为 12 mm 的车床上,车削（　　　）螺纹不会产生乱扣。

(A) M8　　　(B) M12　　　(C) M20　　　(D) M24

48. 中滑板丝杆螺母之间的间隙,经调整后,要求中滑板丝杆手柄转动灵活,正反转时的空行程在（　　　）转以内。

(A) 1/2　　　(B) 1/5　　　(C) 1/10　　　(D) 1/20

49. 在 CA6140 型车床上用直联丝杠法加工精密梯形螺纹 Tr36×－8,则计算交换齿轮的齿数为（　　　）。

(A) 40/60　　(B) 120/80　　(C) 63/75　　(D) 40/30

50. 用齿轮卡尺测量蜗杆的法向齿厚时,应把齿高卡尺的读数调整到（　　　）尺寸。

(A) 齿根高　　　(B) 全齿高　　　(C) 齿厚　　　(D) 齿顶高

51. CA6140 型车床主轴径向跳动过大,应调整主轴（　　　）。

(A) 前轴承　　　(B) 后轴承　　　(C) 中轴承　　　(D) 轴承

52. 在视图表示球体形状时,只需在尺寸标注时,注有（　　　）符号,用一个视图就足以表达清晰。

(A) R　　　(B) ϕ　　　(C) Sϕ　　　(D) 0

53. 刃磨时对刀刃的要求是（　　　）。

(A) 刃口平直、光洁　　　　　　(B) 刃口表面粗糙度小、锋利

(C) 刃口平整、锋利　　　　　　(D) 刃口平直、表面粗糙度小

54. 使用枪孔钻（　　　）。

（A）必须使用导向套　　　　　　　　（B）没有导向套,可用车刀顶着钻头

（C）不用使导向套　　　　　　　　　（D）先钻中心孔定位

55. 火灾报警电话是(　　　)。

　　（A）110　　　　　（B）114　　　　　（C）119　　　　　（D）120

56. 零件的加工精度包括(　　　)。

　　（A）尺寸精度、几何形状精度和相互位置精度

　　（B）尺寸精度

　　（C）尺寸精度、形位精度和表面粗糙度

　　（D）几何形状精度和相互位置精度

57. 普通麻花钻特点是(　　　)。

　　（A）棱边磨损小　　（B）易冷却　　　　（C）横刃长　　　（D）前角无变化

58. 加工塑性金属材料应选用(　　　)硬质合金。

　　（A）P 类　　　　　（B）K 类　　　　　（C）M 类　　　　　（D）以上均可

59. 高速车螺纹时,硬质合金螺纹车刀的刀尖角应(　　　)螺纹的牙型角。

　　（A）大于　　　　　　　　　　　　　（B）等于

　　（C）小于　　　　　　　　　　　　　（D）大于、小于或等于

60. 同一条螺旋线相邻两牙在中径线上对应点之间的轴向距离称为(　　　)。

　　（A）螺距　　　　　（B）周节　　　　　（C）节距　　　　　（D）导程

单项选择参考答案

1. B　2. B　3. D　4. B　5. C　6. A　7. D　8. A　9. B　10. A

11. D　12. A　13. C　14. D　15. C　16. B　17. D　18. A　19. D　20. B

21. B　22. B　23. A　24. D　25. C　26. C　27. B　28. D　29. C　30. C

31. A　32. D　33. C　34. C　35. D　36. A　37. B　38. D　39. B　40. D

41. C　42. C　43. C　44. C　45. B　46. C　47. C　48. C　49. A　50. D

51. A　52. C　53. A　54. A　55. C　56. A　57. C　58. A　59. C　60. D

附录 3　车削加工常用标准

1. 公差与配合表
2. 常用金属材料

表 1　常用金属材料

标准	名称	牌号	应用举例	说明
GB 700-88	碳素结构钢	Q215A（相当于旧国标A2）	金属结构构件、拉杆、套圈、铆钉、螺栓、短轴心轴、凸轮（载荷不大的）吊钩、垫圈；渗碳零件及焊接件。	普通碳素结构钢。Q为钢材屈服点，"屈"字汉语拼音首位字母，数字表示屈服强度（MPa）质量等级分为A、B、C、D四等。Q275表示不分等级。
		Q235A（相当于旧国标A3）	金属结构构件、心部强度要求不高的渗碳或氰化零件、吊钩、拉杆、车钩、套圈、气缸、齿轮、螺栓、螺母、连杆、轮轴、楔、盖及焊接件。	
		Q275A（相当于旧国标C5）	转轴、心轴、销轴、链轮、刹车杆、螺栓、螺母、垫圈、连杆、吊钩、楔、键以及其他强度需较高的零件，这种钢焊接性尚可。	
GB 699-88	优质结构碳素钢	10	这种钢的屈服点和抗拉强度比值较低，塑性和韧性均高，在冷状态下，容易模压成型。一般用于拉杆、卡头、钢管垫片、垫圈、铆钉，这种钢焊接性甚好。	牌号的两位数字表示平均碳的质量分数，45钢即表示平均碳的质量分数为0.45%；锰的质量分数较高的钢，须加注化学元素符号"Mn"；碳的质量分数≤0.25%的碳钢是低碳钢（渗碳钢）；碳的质量分数在0.25%～0.60%之间的碳钢是中碳钢（调质钢）；碳的质量分数大于0.60%的碳钢是高碳钢
		15	塑性、韧性、焊接性和冷冲性均良好，但强度较低。用于制造受力不大、韧性要求较高的零件、紧固件、冲模锻件及不要热处理的低负荷零件，如螺栓、螺钉、拉条、法兰盘及化工存储器、蒸汽锅炉等。	

标准	名称	牌号	应用举例	说明
GB 699-88	优质结构碳素钢	20	用于不受很大应力而要求很大韧性的各种机械零件,如杠杆、轴套、螺钉、拉杆、起重钩等。也用于制造压力小于6.08 MPa,温度小于450℃的非腐蚀介质中使用的零件,如管子、导管等。	牌号的两位数字表示平均碳的质量分数,45钢即表示平均碳的质量分数为0.45%;锰的质量分数较高的钢,须加注化学元素符号"Mn";碳的质量分数≤0.25%的碳钢是低碳钢(渗碳钢);碳的质量分数在0.25%~0.60%之间的碳钢是中碳钢(调质钢);碳的质量分数大于0.60%的碳钢是高碳钢。
		25	性能与20钢相似,用于制造焊接设备,以及轴、锟子、连接器、垫圈、螺栓、螺钉、螺母等。焊接性及冷应变塑性均好。	
		30	具有良好的强的和韧性综合性能。在化工机械方面,用于制造应力不大,工作温度不高于150℃的零件,如螺钉、丝杆、拦杆、套筒、轴等。	
		35	性能与30钢相似,用于制造曲轴、转轴、轴销、杠杆、连杆、横梁、星轮、圆盘、套筒、钩环、垫圈、螺钉、螺母等,一般不作焊接用。	
		45	用于强度要求较高的零件,如汽轮机的叶轮、压缩机、泵的零件等。	
		50	用于耐磨性要求较高,动载荷及冲击作用不大的零件,如锻造的齿轮、拉杆、轧锟、轴摩擦盘、次要弹簧、农业机械上用的掘土犁铧、重载荷心轴与轴等,这种钢焊接性不好。	
		55	用于制造齿轮、连杆、轮圈、轮缘、扁弹簧及轧锟等。	
		60	这种钢的强度和弹性相当高,用于制造轧锟、轴、弹簧圈、弹簧、离合器、凸轮、钢绳等。	

标准	名称	牌　号	应　用　举　例	说　明
GB 3077-88	合金结构钢	15Cr	渗碳后用于制造小齿轮、凸轮、活塞环、衬套、螺钉。	合金结构钢牌号前两位数字表示钢中含碳量的万分数。合金元素以化学符号表示，含量小于1.5%时仅注出元素符号。
		30Cr	用于制造重要调质零件、轴、杠杆、连杆、齿轮、螺栓。	
		45Cr	用于制造强度及耐磨性要求高的轴、齿轮、螺栓等。	
		20CrMnTi 30CrMnTi	渗碳后用于制造受冲击、耐磨要求高的零件，如齿轮、齿轮轴、十字轴、蜗杆、离合器。	
GB 9439-88	工程铸钢	ZG200-400	用于制造受力不大韧性要求高的零件，如机座、变速箱体等。	"ZG"表示铸钢，是汉语拼音铸钢两字首位字母。ZG后两组数字是屈服强度（MPa）和抗拉强度（MPa）的最低值。
		ZG310-570	用于制造重负荷零件，如联轴器、大齿轮、缸体、机架、轴。	
GB 9439-88	灰铸铁	HT100	低强度铸铁，用于制造把手、盖、罩、手轮、底板等要求不高的零件。	"HT"是灰铁两字汉语拼音的首位字母。数字表示最低抗拉强度（MPa）
		HT150	中等强度铸铁，用于制造机床床身、工作台、轴承座、齿轮、箱体、阀体、泵体。	
		HT200 HT250	较高强度铸铁，用于制造齿轮、齿轮箱体、机座、床身、阀体、气缸、联轴器盘、凸轮、带轮。	
		HT300 HT350	高等强度铸铁，制造床身、床身导轨、机座、主轴箱、曲轴、液压泵体、齿轮、凸轮、带轮等。	
GB 1348-88	球墨铸铁	QT400-15 QT450-10 QT500-7	具有中等强度和韧性，用于制造油泵齿轮、轴瓦、壳体、阀体、气缸、轮毂。	"QT"表示球墨铸铁，它后面的第一组数值表示抗拉强度值（MPa），"-"后面的值为最小伸长率（%）。
		QT600-3 QT700-2 QT800-2	具有较高的强度，用于制造用于制造曲轴、缸体、滚轮、凸轮、气缸套、连杆、小齿轮。	

标准	名称	牌　号	应　用　举　例	说　明
GB 9440-88	可锻铸铁	KTH300-06	具有较高的强度,用于制造受冲击、振动及扭转负荷的汽车、机床等零件。	"KTH"、"KTZ"、"KTB"分别表示黑心,珠光体和白心可锻铸铁,第一组数字表示抗拉强度(MPa),"-"后面的值为最小伸长率(%)。
		KTZ550-04 KTB350-04	具有较高强度、耐磨性好,韧性较差,用于制造轴承座、轮毂、箱体、履带、齿轮、连杆、轴、活塞环。	
GB 1176-87	黄铜	ZuSn5Pb5Zn5	一般用于制造耐腐蚀零件,如阀座、手柄、螺钉、螺母、垫圈等。	铸黄铜,含锌38%
	锡青铜	ZCuAL9Mn2	耐磨性和耐腐蚀性能好,用于制造在中等和高速滑动速度下工作的零件,如轴瓦、衬套、缸套、齿轮、蜗轮等。	铸锡青铜、锡、铅、锌各含5%。
				铸锡青铜,含锡10%,含铅1%。
	铅青铜	ZCUAL9Mn2	强度高、耐蚀性好,用于制造衬套、齿轮、蜗轮和气密性要求高的铸件。	铸铝青铜,含铝9%,含2%。
GB 1173-86	铸造铝合金	ZALSi7Mg	适用于制造承受中等负荷、形状复杂的零件,如水泵体、汽缸体、抽水机和电器、仪表的壳体。	铸造铝合金含硅约7%,含碳约0.35%。

表 2　常用热处理和表面处理方法

名称	代　号	方法与说明	目　的	适用范围
退火	5111 (原代号 Th)	将金属加热到适当温度,保温一定时间,然后缓慢冷却(例如在炉中冷却)。	1. 消除在前一工序(锻造冷拉等)中所产生的内应力; 2. 降低硬度,改善加工性能; 3. 增加塑性和韧性; 4. 使材料的成分或组织均匀,为以后的热处理准备条件。	完全退火适用于含碳量0.8%以下的铸、锻、焊接;为消除内应力的退火主要用于铸件和焊件。

名称	代　号		方法与说明	目　的	适用范围
正火	5121 (原代号 Z)		将金属加热到临界温度 30～50℃ 以上,保温一定时间,再在静止的空气中冷却。	1. 细化晶粒; 2. 与退火后相比,强度略有增高,并能改善低碳钢的切前加工性能。	用于低、中碳钢。对低碳钢常用以代替退火。
淬火	5131 (原代号 C)		将金属加热到临界温度以上某一温度、保温一定时间,再在冷却剂(水、油或盐水)中急速冷却。	1. 提高硬度及强度; 2. 提高耐磨性。	用于中、高碳钢。淬火后钢件必须回火。
淬火和回火	5141 (原代号回火)		金属经淬火后再加热到临界温度以下的某一温度,在该温度停留一定时间,然后在水、油或空气中冷却。	1. 消除淬火时产生的内应力; 2. 增强韧性,降低硬度。	高碳钢制造的工具、量具、刃具用低温(150～250℃)回火;弹簧用中温(270～450℃)回火。
调质	5151 (原代号 T)		金属经淬火后,在 450～650℃ 进行高温回火。	可以完全消除内应力,并获得较高的综合力学性能。	用于重要的轴、齿轮以及丝杆等零件。
表面淬火和回火	火焰淬火	5213 (原代号火焰淬火 H)	5210 (原代号表面淬火)	用火焰或高频电流将零件表面迅速加热至临界温度以上,然后急速冷却。	使零件表面获得硬度,而心部保持一定的韧性,使零件既耐磨又能承受冲击。	用于重要的齿轮以及曲轴、活塞销等。

名称	代　号		方法与说明	目　的	适用范围
表面淬火和回火 —— 火焰淬火	5210 (原代号表面淬火)	5213 (原代号火焰淬火 H)	用火焰或高频电流将零件表面迅速加热至临界温度以上,然后急速冷却。	使零件表面获得硬度,而心部保持一定的韧性,使零件既耐磨又能承受冲击。	用于重要的齿轮以及曲轴、活塞销等。
表面淬火和回火 —— 高频淬火		5212 (原代号高频淬火)	在渗碳剂中加热到 900～950℃,停留一定时间,将碳渗入钢表面,深度约 0.5～2 mm,再淬火后回火。	增加零件表面硬度和耐磨性,提高材料的疲劳强度。	适度于含碳 0.08%～0.25% 的低碳钢及低碳合金钢。
渗氮	5330 (原代号 D)		使工作表面渗入氮元素。	增加零件表面硬度、耐磨性、疲劳强度和耐蚀性。	适用于含铅、铬、钼锰等的合金钢,例如要求耐磨的主轴、量规、样板等。
稳定化处理	5161 (原代号时效处理)		1. 天然处理:在空气中长期存放半年到一年以上; 2. 人工处理:加热到 500～600℃,在这个温度保持 10～20 h 或更长时间。	使铸件消除其内应力而稳定其形状和尺寸。	用于机床床身等大型铸件。

参 考 文 献

［1］卢建生. 机钳工实训教程［M］. 北京：机械工业出版社,2009.

［2］栾振涛. 金工实习［M］. 北京：机械工业出版社,2003.

［3］刘榴. 机械制造实习教材［M］. 西安：西安电子科技大学出版社,2003.

［4］邓星钟. 机电传动控制［M］. 武汉：华中科技大学出版社,2001.

［5］盛晓敏,邓朝晖. 先进制造技术［M］. 北京：机械工业出版社,2000.

［6］吴祖育,秦鹏飞. 数控机床［M］. 上海：上海科学技术出版社,1990.

［7］何元庚. 机械原理与机械零件［M］. 北京：高等教育出版社,1997.

［8］刘品,张也晗. 机械精密设计与检测基础［M］. 哈尔滨：哈尔滨工业大学出版社,2003.

［9］蓝汝铭. 机械制图［M］. 西安：西安电子科技大学出版社,2002.

［10］于永泗,齐民. 机械工程材料［M］. 大连：大连理工大学出版社,2003.